Diventa
Best in Class!

Perché accontentarsi?

Diventa

Best in Class!

Come migliorare il profitto aziendale,
anche in tempi difficili.

INDICE

1. PREFAZIONE 7

2. INTRODUZIONE 9

3. PROFITTO 11

4. ECCELLENZA 15

5. SQUADRA 19

6. DISCIPLINA, NO BUROCRAZIA E CONTROLLO 25

7. FONDAMENTA 29

8. COMPETIZIONE 39

9. STRATEGIA 45

10. STRATEGIA E IMPLEMENTAZIONE 55

11. SVILUPPO STRATEGICO DEI FORNITORI 59

12. OBIETTIVI DI PERFORMANCE E KPI 69

13. LEAN SIX SIGMA 73

14. GENRYO MANAGEMENT 77

15. STANDARD OPERATIVO 89

16. PROCESSO DI SALES AND OPERATIONS PLANNING 93

17. INTEGRATED BUSINESS PLANNING 107

18. ORGANIZZAZIONE LEAN SIX SIGMA 113

19. PROCESSO DI MIGLIORAMENTO DMAIC 121

20. RISULTATI 149

1. PREFAZIONE

Dopo oltre trent'anni nell'industria, ho deciso di pubblicare questo breve manuale per raccontare e condividere con altri ciò che ho imparato, nell'auspicio possa essere utile al lettore. Ho avuto la fortuna di lavorare in grandi aziende multinazionali come Caterpillar e General Electric, di conoscere e condividere esperienze lavorative con persone straordinarie. Mi hanno insegnato che bisogna saper sognare per immaginarsi qualcosa che ancora non esiste, ma che farebbe la differenza una volta realizzato. A mettere il cliente sempre al primo posto, e a darsi obiettivi ambiziosi per poi raggiungerli con l'impegno necessario. Perché, in fin dei conti, è proprio vero che se lo vuoi, lo puoi ottenere.

2. INTRODUZIONE

"Un investimento nella conoscenza paga sempre
il miglior interesse".

Benjamin Franklin

Senza troppi giri di parole, il profitto è il risultato che permette la sopravvivenza e mantiene in salute un'impresa. Dunque, il profitto è la ragione che rende l'azienda sana e le permette di prosperare nel tempo. Certamente, non possiamo dimenticare il contributo che le aziende sane forniscono alla comunità che le ospita, allo sviluppo industriale ed al benessere in generale che portano al proprio territorio ed alla nazione. Il benessere contribuisce al miglioramento delle nostre libertà e della nostra felicità. Senza profitto non c'è futuro.

La domanda che mi pongo quando vedo alcune realtà aziendali è molto spesso la stessa: perché accontentarsi? Perché accontentarsi della mediocrità, dello status quo, dell'affrontare i soliti problemi tutti i giorni, del farsi dettare la propria agenda quotidiana dalle emergenze? Concludere la giornata soddisfatti solo per aver risolto una serie di problemi? Che soddisfazione è?

Tutto questo, quanto costa? Ci sono persone che non hanno mai tempo, hanno sempre una serie infinita di problemi aziendali da affrontare, risolto uno se ne presentano due, tre di nuovi. In queste situazioni, come si fa a trovare il tempo per pensare, il tempo per costruire, il tempo per migliorare? Questi problemi, queste inefficienze, questo dover gestire delle situazioni impreviste ha un costo, non solo umano e di stress delle persone, ma alla fine anche un'erosione della linea del profitto (*bottom line*). Le domande che quindi si pongono sono: cosa possiamo fare per migliorare la nostra organizzazione? Cosa non conosciamo ancora? Cosa possiamo imparare da altri?

3. PROFITTO

"Il profitto è un sottoprodotto del lavoro; la felicità
è il prodotto principale".

Henry Ford

Henry Ford intendeva con "felicità" la soddisfazione di fare un buon lavoro per rendere "felice" il cliente finale. Questa felicità porta di conseguenza una vendita, una fedeltà al nostro prodotto, o servizio, e quindi come sottoprodotto il profitto. Dunque, come possiamo migliorare il risultato finale? Perché accontentarsi di quello che stiamo ottenendo dal nostro attuale sistema produttivo? Cosa possiamo fare per migliorare i risultati della nostra azienda, migliorando il modo di lavorare, le condizioni di lavoro ed il clima aziendale? Perché non considerare il poter fare di meglio per ottenere di più?

Senza dubbio possiamo lavorare su diversi fronti. Il primo, aumentare la quota di mercato, più volumi, quindi maggior profitto. Attenzione. Se lavoriamo unicamente su questo fronte corriamo il rischio di trascurare la marginalità e quindi di vanificare gli sforzi che faremo per aumentare la nostra quota di mercato. Il secondo fronte da considerare è la riduzione dei costi. Se riduco i costi, anche a parità di volumi di vendita, incremento il mio profitto. Per alcuni fortunati settori (nuovi prodotti che non esistevano prima, prodotti di estremo lusso, mercati monopolistici) il prezzo di vendita viene determinato aggiungendo un plus al costo del prodotto. Per tutto il resto il prezzo di vendita è determinato dal valore riconosciuto dal mercato (libera concorrenza). In questi casi non siamo noi produttori (fattore interno) a determinare il prezzo di vendita, ma il cliente finale (fattore esterno). Quello che possiamo e dobbiamo fare, a parità di valore offerto, è ridurre continuamente il nostro costo eliminando gli sprechi e migliorando l'efficienza dei processi in modo da proteggere o migliorare il nostro profitto. Possiamo quindi:

1. incrementare il valore offerto al cliente, maggiori prestazioni del prodotto, migliore qualità, tempi di consegna più brevi, miglior livello di servizio

2. ridurre i costi, migliorando l'efficienza produttiva. Attenzione nel non incappare nell'errore di ridurre i costi riducendo anche il valore per il cliente, come ad esempio fornitori a basso costo, ma con bassa qualità. Oppure lotti di produzione più grandi, ma tempi di consegna più lunghi.

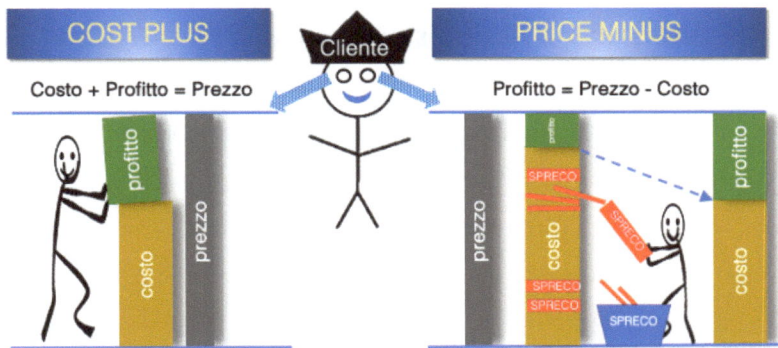

Nelle situazioni in cui è il mercato a determinare il prezzo (PRICE MINUS), risulta fondamentale rimuovere gli sprechi per far crescere il profitto.

La domanda che dovremmo porci è la seguente: quanti sprechi e quante inefficienze sono insite nei nostri processi aziendali? Questi sprechi erodono il nostro risultato finale e richiedono più impegno del necessario. A volte sono problemi qualitativi arrivati al cliente, o sono ordini persi perché non riusciamo a soddisfare i tempi di consegna richiesti, o sono costi aggiuntivi dovuti alla gestione delle urgenze. Oppure, la perdita di una vendita causata della scarsa competitività. Per non parlare degli sprechi insiti nel nostro sistema produttivo: inefficienze, attese, rilavorazioni, troppo materiale nel flusso produttivo, giacenze di magazzino, obsolescenza. Questi sprechi hanno un drammatico impatto negativo sui profitti aziendali. Alla fine dell'anno portiamo a casa meno di quello che potremmo realizzare. È come andare a prendere l'acqua al pozzo con un secchio bucato: facciamo tanta strada avanti e indietro diverse volte al giorno, tutti i giorni, per uno scarso risultato, perché molta acqua la perdiamo lungo il nostro cammino. Questo ci costringe ad andare più in fretta, a fare più viaggi, ad impiegare più tempo nella giornata, ma solo per ottenere un risultato mediocre. Tuttavia, non è così per tutti. Anzi, esistono realtà aziendali i cui i risultati spiccano e si differenziano dalla grande massa dei loro concorrenti.

4. ECCELLENZA

*"L'eccellenza non è un caso. Essa rappresenta la scelta saggia
tra molte alternative. La scelta e non la casualità
determina il tuo destino".*

Aristotele

Ad ogni giorno che passa le aziende migliorano, progrediscono e si sviluppano. Tuttavia, esistono aziende considerate "10x" perché hanno superato di oltre 10 volte, con la capitalizzazione di mercato, i loro concorrenti, come analizzato da Jim Collins e descritto in "Good to Great", un libro che ogni imprenditore o manager dovrebbe aver letto. Per queste aziende la visione dell'eccellenza ha costituito lo sviluppo di una cultura (Leadership Livello 5) concretizzata nei risultati strabilianti ottenuti. Sì, perché, a discapito di alcune definizioni stravaganti di eccellenza che si possono trovare in giro, alla base del concetto di eccellenza vi è la cultura del primeggiare, di voler essere *Best in Class*. Questo modo di essere non è semplicemente certificato dal livello di performance di determinati processi aziendali, o da parametri numerici ben specifici, o da livelli di prestazione ben al di sopra dei concorrenti, ma è radicato in una visione, in un modo di pensare, in un modo di comportarsi, nel modo di coinvolgere gli altri, nell'entusiasmo di fare quello che i concorrenti non fanno e non sanno fare. Vale a dire: la cultura delle persone dell'azienda. Una cultura che non è li per caso, ma è stata costruita faticosamente attraverso un lungo percorso. L'*Operational Excellence* ci spinge a non accontentarci mai dello stato attuale, ma di stabilire obiettivi sempre più sfidanti, anche quando si è superato il livello di performance dei concorrenti e la competizione muta verso sé stessi, nel superarsi continuamente. Il modo migliore per non preoccuparsi della concorrenza è proprio quello di distanziarla. Un ottimo riferimento allo standard di Operational Excellence è la "Class_A Checklist" di Oliver Wight.

All'inizio dell'anno 2000, l'allora CEO Glen Barton decise di far diventare Caterpillar un'azienda Operational Excellence Class_A. In qualità di Supply Chain director, mi fu assegnato il ruolo di *Champion* al fine di raccogliere questa importante sfida per la nostra *business unit* di Bologna. Cambiare la cultura delle persone, incluso il management team, non fu cosa facile. Dopo circa diciotto mesi di duro lavoro abbiamo finalmente ottenuto la prestigiosa certificazione Operational Excellence Class_A e i risultati raggiunti furono incredibili.

Riporto di seguito alcuni per esempio:

- puntualità di consegna ai clienti migliorata dall' 80% al 99%
- puntualità del piano principale di produzione (Master Production Schedule Performance) da 15% a 99%
- accuratezza dei dati di giacenza di magazzino (Inventory Record Accuracy) da non conoscerla al 99.5%
- puntualità di consegna dei fornitori dal 30% al 98%

Meno tempo rubato dalla risoluzione dei problemi e più tempo dedicato a costruire il futuro. Molta più soddisfazione per tutti: clienti contenti, fornitori partners contenti, dipendenti contenti, azionisti contenti! Dopo un'adeguata formazione a tutti i livelli, e si era creato un nuovo modo di lavorare, e di conseguenza un nuovo ambiente di lavoro. Non accontentarsi di buone prestazioni, ma cercare sempre il massimo. Naturalmente, la cultura aziendale fa parte della ricetta e riguarda il "come ottenere" i risultati cercati, ma il "cosa ottenere" è il livello di performance di tutti i processi aziendali. In estrema sintesi: prima le persone, la strategia, i processi e poi come conseguenza i risultati. Anche se sembra incredibile, i risultati non sono il vero obiettivo, sono una conseguenza correlata alla **cultura dell'eccellenza**. Per iniziare questo percorso dobbiamo prima considerare il management team, la squadra di governo dell'azienda.

5. SQUADRA

"Il talento fa vincere una partita, ma la squadra e l'intelligenza fanno vincere il campionato."

Michael Jordan

Man mano che i processi diventano sempre più complessi e sofisticati, la conoscenza e l'esperienza delle persone che li gestiscono diventano sempre più critici. La sfida è quella di gestire dei processi e non delle funzioni aziendali come nel passato. A questo scopo necessitiamo di persone capaci di lavorare in team autogestiti nei quali la disciplina e le diverse specializzazioni si fondono insieme per una gestione dinamica e di successo. Quindi, da dove partiamo? Dal *management team* (la squadra). Assicurarsi di avere le persone giuste al posto giusto è la prima cosa. La qualità della squadra è tutto.

Management Team

Se non abbiamo questo presupposto non possiamo pensare di ottenere il meglio dai nostri sforzi. Avere anche un solo dipartimento in mano a un manager poco incline al cambiamento, che è lì solo perché ha ricoperto quel ruolo da tanti anni o perché non abbiamo mai voluto occuparci della gestione della sua successione o sostituzione, ci lascia meno forti di quello che potremmo essere. Ancora peggio, potrebbe rappresentare un freno, anche solo resistenza passiva, al percorso verso l'eccellenza che vogliamo avviare. Lavorare in team con una persona non adatta, o di vecchio stampo, che non è in grado di affrontare con entusiasmo dei cambiamenti culturali, influirà negativamente sugli altri e su tutto il lavoro che dobbiamo portare a termine.

Il lavoro del management team è un lavoro di squadra, non riguarda unicamente la gestione della singola funzione aziendale (es. vendite, produzione, sviluppo prodotto). Ricordiamoci che i cambiamenti più difficili da ottenere hanno a che fare con il genere umano. Cambiamenti di comportamento, di abitudine, di modo di fare, di modo di pensare. È molto più facile cambiare una macchina utensile, installare una nuova linea, o cambiare un layout produttivo. L'obiettivo di ciascun CEO, o imprenditore, è quello di migliorare la propria azienda. Tuttavia, migliorare implica cambiare. Non possiamo aspettarci un miglioramento dei processi se non cambiamo di fatto il modo di operare: cambiamento della cultura aziendale, cambiamento nelle persone, cambiamento degli standard operativi. Il cambiamento deve venire dall'alto, dal top management. Se il CEO, o l'imprenditore, non assume in prima persona la leadership per cambiare, il cambiamento sarà solo a parole e quindi senza risultati. Pertanto, prima di iniziare un percorso che ci porterà in cima alla vetta, dobbiamo assicurarci di avere la giusta squadra. Ci servono dei leaders (Leadership di 5° livello, secondo la definizione di Jim Collins) con i talenti e le capacità giuste al loro ruolo. La mia raccomandazione è di non perdere tempo con le persone inadatte o sbagliate. Il giusto management team è la base di tutto. Le aziende visionarie hanno molto chiaro "chi sono" e "cosa vogliono fare" e non hanno molta tolleranza per chi non è contributivo a questo tipo di cultura.

Gerarchia di Leadership

LIVELLO 5 — LIVELLO 5 EXECUTIVE
Realizza un livello di eccellenza duraturo nel tempo attraverso una combinazione di umiltà personale e volontà professionale

LIVELLO 4 — LEADER EFFICACE
Ottiene l'impegno di altri al raggiungimento di una visione prestabilita stimolando un alto livello di performance

LIVELLO 3 — MANAGER COMPETENTE
Organizza il lavoro dei collaboratori ed altre risorse in maniera efficiente ed efficace al raggiungimento di obiettivi stabiliti

LIVELLO 2 — CONTRIBUTIVO MEMBRO DI TEAM
Contribuisce con capacità individuali al raggiungimento degli obiettivi del gruppo e lavora in armonia con gli altri componenti del team

LIVELLO 1 — INDIVIDUO MOLTO CAPACE
Contribuisce in maniera produttiva con talento, conoscenza, capacità, e buone abitudini

6. DISCIPLINA, NO BUROCRAZIA E CONTROLLO

"Disciplina te stesso, e gli altri non avranno bisogno di farlo"

John Wooden

Le organizzazioni dispongono di protocolli, procedure, cicli di lavoro, standard operativi da seguire. Più si scende nel dettaglio operativo e più è necessario stabilire chiaramente le regole da seguire, poiché si vuole evitare che persone diverse eseguano lo stesso lavoro in modo diverso. Individuata la *best practice*, si vuole seguirla alla lettera. Più l'organizzazione è numerosa, più persone sono coinvolte nell'operatività, più lo standard di lavoro risulta fondamentale. Sappiamo che stabilire le regole operative non è sufficiente per assicurarsi il risultato cercato. È altresì importante verificare continuamente che le procedure operative vengano seguite. A questo proposito, esistono diverse tipologie *audit* e controlli per assicurarsi l'aderenza voluta e, nel caso questo non si verifichi, si adottano in retroazione i provvedimenti adeguati. Tuttavia, salendo nei vari livelli dell'organizzazione aziendale, le situazioni che i dipendenti incontrano sono sempre più diverse e disparate. In questi contesti le troppe regole, i troppi report di controllo non fanno altro che limitare il campo di azione, la creatività e la libera iniziativa. Le persone lavorano con entusiasmo quando hanno la libertà per fare il lavoro nel modo migliore in cui pensano che debba essere fatto, quando possono trattare i clienti nel modo giusto come a loro piacerebbe essere trattati. Se invece viene tolto lo stimolo alla loro propria iniziativa subissandoli di regole, allora si ucciderà la loro creatività. È diventato famoso il prontuario consegnato ai commessi della grande catena di negozi di abbigliamento di lusso Nordstrom, sulla costa occidentale degli Stati Uniti, ai quali è stato chiesto di attenersi a due semplici regole. La prima: *"in tutte le situazioni, usa il tuo buon senso"*. La seconda: *"in altre situazioni, fai riferimento alla prima regola"*. Riflettendo sulla politica di Nordstrom, chiediti quali regole puoi eliminare e come puoi sviluppare ed utilizzare il buon senso delle persone del tuo team. Al fine di ottenere la massima focalizzazione verso il cliente da parte dell'organizzazione, risulta fondamentale diffondere la strategia aziendale in modo che sia chiaro a tutti quali siano i valori aziendali e quali siano i principi fondamentali a cui ispirarsi nel lavoro di tutti i giorni. Con quest'approccio le persone saranno in grado di affrontare diverse tipologie di situazioni, che nel tempo via via cambieranno. Il personale, formato e motivato, disporrà degli elementi necessari per prendere sempre le decisioni migliori per il cliente finale e per l'azionista.

7. FONDAMENTA

"Controlla il tuo destino, o qualcun altro lo farà"

Jack Welch

Una volta consolidato il management team, possiamo pensare di metterci al lavoro e sviluppare la nostra strategia aziendale. Prima però, dobbiamo identificare e cristallizzare la nostra cultura, che rappresenta le fondamenta ***core*** dell'azienda. In altri termini:

- **scopo** aziendale (visione-missione)
- **valori** aziendali

Dunque, dobbiamo definire lo scopo (*cosa*) della nostra attività e i valori (*come*) secondo i quali vogliamo lavorare. Lo scopo identifica la ragione per cui esiste l'azienda, al di là del fare profitto, la stella polare da seguire. Da non confondere con gli obiettivi che di anno in anno cambiano in accordo con la strategia aziendale. Partiamo dal "cosa" e chiediamoci: chi siamo e dove ci troviamo, qual è la nostra visione aziendale, la nostra missione e quale sia il mercato in cui operiamo. Per fare un esempio, consideriamo la missione di Caterpillar.

"La nostra missione è consentire la crescita economica attraverso lo sviluppo di infrastrutture ed energia. Fornire soluzioni a supporto delle comunità e di salvaguardia del pianeta".

Come racconta Jerry Porras e James Collins nel loro bestseller "Build To Last": *"per le aziende visionarie i valori non necessitano di una razionale giustificazione. Nemmeno ondeggiano con le tendenze o le mode del giorno. Neanche si modificano in risposta ai cambiamenti delle condizioni di mercato."* Gli autori descrivono le aziende visionarie definite come *"dei gioielli del loro settore industriale che hanno lasciato un'evidente traccia di primati e creato un forte impatto positivo nel mondo… Queste aziende visionarie prosperano da lungo tempo attraverso molteplici cicli di vita di prodotti e diverse generazioni dei propri leaders".*

Parliamo di aziende che esistono da oltre cinquant'anni ed hanno ottenuto straordinarie performances nel lungo periodo in termini di ritorno dell'investimento, misurato come incremento del valore azionario. Un incremento di ben sei volte rispetto le aziende dello stesso settore e addirittura di quindici volte rispetto al mercato azionario. Ad esempio, 1 dollaro investito nel 1926 ha generato 6.356 dollari nel 1990.

Le aziende visionarie hanno dimostrato la capacità di far coesistere un paradosso che ha permesso di farle prosperare nel lungo periodo. Questo paradosso rappresenta la coesistenza di due anime apparentemente in contrasto tra di loro. La prima è l'anima conservativa, le fondamenta che identificano l'azienda: lo scopo e i suoi valori. Queste sono le caratteristiche che rimangono nel tempo, non cambiano, fanno sì che i suoi clienti continuino a fornirsi dei prodotti e dei servizi di quell'azienda perché quelle sono le caratteristiche che loro apprezzano e di cui ne riconoscono il valore. Per fare un esempio di scopo, si potrebbe considerare: il design sempre all'avanguardia, la qualità sempre al di sopra della concorrenza, il livello di servizio eccezionale, il posizionamento del marchio rispetto al proprio mercato, l'affidabilità e l'integrità indiscussa. Oppure, ancora: i prezzi sempre più competitivi rispetto alla concorrenza, il gusto unico di una bevanda o di una crema di cioccolato da spalmare.

L'aderenza allo scopo dell'azienda è molto importante per mantenere fedele la propria clientela e far sì che continui ad acquistare. Facciamo l'esempio di un'azienda che come scopo abbia la fornitura di componenti per l'industria dell'arredamento. Un'azienda di questo tipo focalizza il mercato di produttori di mobili che possono operare in diversi mercati e con diverse linee di prodotti (es. soggiorni, cucine, bagni) Un'evoluzione strategica potrebbe far puntare a fasce diverse di mercato. Ad esempio "grande distribuzione" oppure "mobili di alta gamma", oppure "lavorare in co-design" con i propri clienti allo sviluppo di nuovi prodotti, o allo sviluppo di nuove tendenze basate su nuovi materiali o nuove tecnologie produttive. Questa strategia mantiene l'azienda sempre ben ancorata alle sue fondamenta, cioè fornire componenti di alta qualità ai produttori di mobili. La sua evoluzione nel tempo non comprometterà lo scopo principale per cui i suoi clienti continueranno a fornirsi: acquistare i componenti per produrre mobili. Se invece quell'azienda decidesse di produrre mobili finiti, oltre ai componenti, cambierebbe le sue fondamenta e questo potrebbe compromettere la fidelizzazione dei propri clienti (produttori di mobili) che si troverebbero un fornitore come diretto concorrente.

Lo scopo ed i valori rappresentano un motivo di scelta per dipendenti e fornitori, i quali restano fidelizzati e motivati a far parte di quella famiglia. Attenzione, se alcune di queste solide caratteristiche venissero cambiate nel tempo o si perdessero. Nel momento in cui il posizionamento qualitativo perdesse di livello, un cliente che compra per una ragione di qualità eccellente prenderebbe un'altra strada. Si potrebbero citare innumerevoli casi di aziende che hanno mutato nel tempo le proprie fondamenta (scopo e valori) ed hanno quindi perso la propria clientela, come ad esempio è successo a famosi marchi automobilisti italiani. Questo può accadere semplicemente perché viene a mancare il visionario, il fondatore, e le successive generazioni non sono state in grado di capire e perpetuare le fondamenta (*core*), o perché semplicemente non sono state in grado di formulare ed implementare una strategia vincente. Infatti, la seconda parte del paradosso risiede nella coesistenza del **progresso**, attuato attraverso la giusta strategia. Se preserviamo unicamente la parte scopo e valori (*core*), rischiamo di diventare obsoleti. Il mondo cambia, cambiano le esigenze dei clienti, entrano in campo nuove tecnologie. Se non siamo in grado di continuare ad evolverci, non avremo futuro. Un classico esempio è il mercato dei telefoni cellulari: Motorola annientata da Nokia, e successivamente Nokia annientata da Apple.

A differenza della strategia, che nel medio-lungo periodo può cambiare, i valori aziendali non cambiano, essi rappresentano i nostri principi con i quali facciamo business. Nel lontano 1963 Thomas J. Watson Jr., CEO di IBM, commentava quale ruolo avessero i valori aziendali.

"Credo che la vera differenza tra il successo e il fallimento di un'azienda risieda in come un'organizzazione ottenga una grande energia e talento dai suoi dipendenti. Cosa aiuta queste persone a trovare uno scopo comune tra loro?... Credo fermamente che qualsiasi organizzazione, per sopravvivere e raggiungere il successo, debba possedere un solido credo (valori) che precede ogni scelta ed azione... I valori devono sempre essere messi prima di ogni politica, pratica od obiettivi. Quest'ultimi (obiettivi) devono essere modificati se vanno in conflitto con i nostri valori fondamentali."

Per citare un paio di esempi, di seguito trovate una prima versione di valori, snella e facile da comunicare, che ho contribuito a sviluppare per un'azienda del settore arredamento/design:

INTEGRITÀ

- o Rispetto e fiducia negli altri
- o Onestà e trasparenza
- o Accuratezza dei dati
- o Importanza della comunicazione con gli altri

ECCELLENZA

- o Centralità del cliente
- o Visione di lungo periodo
- o Passione per il nostro lavoro
- o Ricerca della qualità e del miglioramento continuo
- o Senso d'urgenza
- o Importanza dell'ambiente di lavoro
- o Sviluppo e crescita dei collaboratori

TEAMWORK

- o Importanza delle relazioni con clienti e fornitori
- o Organizzazione
- o Spirito di squadra
- o Relazione con colleghi

IMPEGNO e RESPONSABILITÀ
- o Sicurezza sul lavoro
- o Rispetto degli impegni presi
- o Disponibilità e flessibilità
- o Rispetto della proprietà intellettuale
- o Rispetto della privacy
- o Uso professionale delle tecnologie informatiche
- o Rispetto dell'ambiente e sostenibilità
- o Legame al territorio

Una volta forgiati, i valori sono stati spiegati e comunicati ai dipendenti in modo da assicurarsi che fossero recepiti in maniera corretta, facendo passare il messaggio che sono una parte fondamentale della cultura aziendale di cui i dipendenti ne fanno parte.

Per fare un altro esempio, vediamo quello di una grande multinazionale. Da quando, alla fine degli anni '90, abbiamo stilato in Caterpillar i *"Nostri Valori Comuni"*, ad oggi sono stati aggiornati e migliorati. Sono diventati molto più ricchi e dettagliati, ma la loro spina dorsale, il loro cuore, è rimasto lo stesso. Di seguito, l'ultima versione degli argomenti dei valori che potete facilmente trovare nel web.

INTEGRITÀ
- o Onestà e integrità

- o Conflitti di interesse
- o Condotta competitiva
- o Libero scambio
- o Relazioni finanziarie e contabilità
- o Comunicazione trasparente
- o Informazioni privilegiate
- o Compensi impropri

ECCELLENZA
- o Qualità di prodotti e servizi
- o Valore per i clienti
- o Ambiente di lavoro
- o Prestazioni dei dipendenti
- o Crescita dei dipendenti
- o Gestione dei rischi
- o Punto di vista dell'azienda

LAVORO DI SQUADRA
- o Rispetto e rifiuto delle molestie
- o Equità e divieto di discriminazione
- o Ambiente inclusivo
- o Standard globali
- o Organizzazioni esterne
- o Concessionari e distributori
- o Fornitori

IMPEGNO

- o Responsabilità personale
- o Tutela dei beni
- o Informazioni riservate
- o Comunicazioni elettroniche
- o Privacy personale
- o Affari pubblici
- o Contratti governativi

SOSTENIBILITÀ

- o Salute e sicurezza
- o Innovazioni
- o Responsabilità ambientale
- o Infrastrutture ed energia
- o Collettività

I nostri valori non saranno mai compromessi per qualsiasi ragione o finalità. Essi ci ricordano tutti i giorni quale sia la nostra cultura aziendale e in che modo lavoriamo. Rappresentano la nostra integrità, danno fiducia agli altri: ai nostri collaboratori, ai nostri fornitori ed ai nostri clienti. Quando un'azienda non possiede né una missione né dei valori favorisce un disallineamento di obiettivi tra i dipendenti. Chi va da una parte e chi va da un'altra. La gente rimane confusa ed insoddisfatta. Di conseguenza, aumenta il *turnover* aziendale.

Aziende Eccellenti

Riassumendo, un'azienda visionaria di eccellenza riesce a far coesistere le due anime paradossalmente in contrasto tra di loro. Una prima anima conservativa, che mantiene i propri valori solidamente ancorati nel tempo. Una seconda anima innovativa, strategica, che continua a rinnovarsi ed adattarsi. I nostri valori ed il nostro scopo determinano la capacità della nostra azienda di rimanere sul mercato nel lungo periodo. Tuttavia, rappresentano una condizione necessaria, ma non sufficiente. Manca ancora una parte importante: la strategia.

8.   COMPETIZIONE

"Se non hai un vantaggio competitivo, allora non competere."

Jack Welch

I mercati e il mondo in generale stanno cambiando sempre più velocemente. Nella competizione globale di oggi il successo è di chi:

1. fornisce il prodotto, o il servizio, **velocemente** ed in maniera **affidabile** ai propri clienti. *Velocemente* significa fornire il prodotto nella metà del tempo normalmente atteso dal cliente. In maniera *affidabile* significa rispettare sempre al 100% le promesse fatte al cliente. I clienti sono sempre più esigenti, impazienti e valorizzano sempre di più la rapidità di risposta

2. produce al **costo totale più basso**. Questo significa conoscere il costo totale. Nel settore manifatturiero, ad esempio, non è solo il costo del materiale e della manodopera. Bisogna considerare anche altri costi, come quelli del magazzino, della logistica, della non-qualità

3. si **adatta** continuamente al cambiamento, velocemente, intelligentemente e in maniera efficace

Un'azienda che ha fatto propri questi concetti per creare il proprio vantaggio competitivo è stata ad esempio Amazon. Questi semplici concetti sono stati tradotti nei quattordici *principi di leadership* di Amazon. Alcuni dei quali sono proprio:

- ossessione per il cliente
- la velocità è importante, agisci
- sii curioso ed impara continuamente
- inventa e semplifica
- alza continuamente gli standards
- assumi e sviluppa i migliori talenti (collaboratori)
- produci risultati

…ed altri ancora.

Se guardiamo ad esempio nel recente periodo (2010-2020) il valore delle azioni Amazon (AMZN) è cresciuto di oltre il 2.300%, ben al di sopra di aziende più tradizionali della grande distribuzione come Walmart (164%), Home Depot (816%), Target (259%). Considerando il semplice investimento finanziario, in un periodo così breve le azioni AMZN hanno reso oltre un ordine di grandezza in più rispetto alle altre aziende comparative citate sopra.

Incremento valore azione Amazon nel periodo 2010-2020

La competizione "ideale": il monopolio. Questo è quello che hanno realizzato aziende come Google, Facebook, Amazon, WhatsApp, Airbnb ed altre che, nonostante pubblicamente affermino il contrario, portando all'eccellenza il loro modello di business, hanno conquistato una posizione dominante sul mercato. Come sono riuscite aziende partite dal niente ad ottenere questi risultati in così pochi anni?

Per iniziare un nuovo business (*startup*), ed avere successo, poniamoci prima le **sette grandi domande**.

1. La domanda INGEGNERISTICA: sei in grado di creare una tecnologia innovativa, invece di migliorare una già esistente?

2. La domanda TEMPORALE: è il momento adatto per iniziare una particolare attività (business)

3. La domanda MONOPOLISTICA: stai iniziando con una grande quota di un piccolo mercato?

4. La domanda sulle RISORSE UMANE: hai il giusto gruppo di collaboratori?

5. La domanda sulla DISTRIBUZIONE: hai un sistema per creare, ma anche per distribuire il tuo prodotto?

6. La domanda sulla DURATA FUTURA: la tua posizione di mercato sarà difendibile tra 10 o 20 anni?

7. La domanda SEGRETA: hai individuato un'opportunità unica che gli altri non vedono?

Le aziende devono essere snelle (*lean*), flessibili, per adattarsi continuamente al cambiamento, che non è non pianificabile. Lo afferma Peter Thiel (co-fondatore di PayPal e primo investitore esterno di Facebook) nel suo bestseller "ZERO to ONE".

"Ogni azienda felice è unica nel suo genere, ha creato un monopolio risolvendo un problema in maniera unica. Ogni azienda fallita è uguale alle altre, ha fallito nel fuggire dalla concorrenza".

9. STRATEGIA

"La speranza non è una strategia"

Vince Lombardi

Una strategia senza un processo di sviluppo è un semplice desiderio. La strategia, indispensabile per qualsiasi azienda, non nasce per caso, o come conseguenza di alcuni eventi o situazioni. È il risultato di un ben determinato percorso logico, chiamato anche *processo di pianificazione strategica*. In questa fase dobbiamo focalizzare alcuni aspetti fondamentali che ci serviranno per tracciare il percorso da seguire, la cosiddetta *roadmap*. Dobbiamo capire ed identificare sia l'ambiente *interno* sia quello *esterno*. La valutazione non deve essere fatta in solitario dall'imprenditore o dal direttore generale, ma è indispensabile coinvolgere l'intero management team. Deve essere un lavoro di squadra perché solo così si ha la possibilità di considerare più aspetti, di sviluppare nuove idee insieme, di ottenere una capacità di critica allargata. In aggiunta, una strategia sviluppata assieme a tutto il management team come protagonista vedrà ogni componente della squadra divulgare con convinzione e passione la strategia ai propri collaboratori ed al resto dell'azienda. È abbastanza normale che la prima volta in cui ci si trova a fare questo esercizio si possa commettere qualche ingenuità o qualche errore. Meglio farsi aiutare da professionisti con questo tipo di esperienza al fine di perdere meno tempo e rendere più efficace il lavoro fatto.

Dunque, da dove si parte? Partiamo dai **punti di forza** della nostra azienda e rispondiamo a tre domande:

a) cosa ci piace fare, dove risiede la nostra passione?
b) in che cosa siamo bravi nell'esecuzione?
c) cosa vuole il mercato?

Utilizziamo le tecniche di *brainstorming* con il management team per estrarre il maggior numero possibile di idee per poi raggruppare i risultati in categorie. Fatto un elenco completo per ciascuna categoria (a, b, c), possiamo utilizzare alcuni strumenti di team come il diagramma di affinità, ed identificare l'area comune o di intersezione di questi tre insiemi (a, b, c). All'interno di quest'area ci saranno i nostri punti di forza. La nostra strategia dovrà valorizzare questi aspetti.

Dobbiamo anche confrontarci con la situazione "attuale" dalla quale partiamo e completare il quadro per arrivare a delineare i quattro importanti punti di vista:

- **fattori interni**
  - o i nostri punti di forza
  - o le nostre debolezze
- **fattori esterni**
  - o le minacce esterne
  - o le opportunità

Lo strumento utilizzato per questo esercizio è la *SWOT Analysis* (Strengths, Weakness, Opportunities, Treats). I nostri punti di forza vengono dalla prima analisi, ed è rappresentato dall'intersezione (sottoinsieme) dei tre circoli:

- la nostra passione
- cosa sappiamo fare bene
- cosa vuole il mercato

Strategia

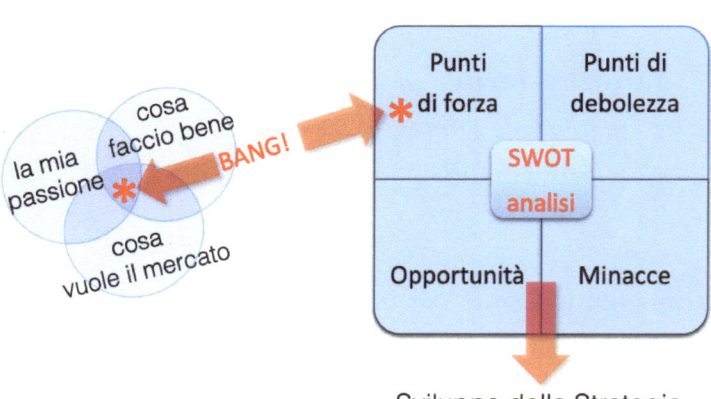

Sviluppo della Strategia

Proseguendo con il brainstorming sui quadranti successivi, dobbiamo essere onesti e schietti in modo da estrarre tutto ciò che rappresenta la nostra realtà, anche per gli aspetti meno piacevoli. Si consideri che punti di *forza* e di *debolezza* sono insiti nell'azienda e quindi sotto il nostro controllo. Le *opportunità* e le *minacce* sono fattori esterni, quindi non siamo in grado di cambiarli. Possiamo comunque agire per prenderne i vantaggi o proteggerci per quanto riguarda gli svantaggi. La strategia dovrà tenere conto di tutto questo. Per esempio, alcune opportunità potrebbero essere: penetrare nuovi mercati, acquisire nuovi clienti in settori diversi dagli attuali di nostra presenza, sviluppare ed adottare una nuova tecnologia non ancora disponibile agli altri e che ci differenzi dalla concorrenza. L'installazione di una nuova linea di produzione o di una nuova macchina utensile più produttiva non è un'opportunità, ma un modo (mezzo) per ottenere qualcosa. Un'opportunità è un fattore esterno, non interno. Per contro, la nostra strategia è un fattore interno, stabilito da noi e sotto il nostro controllo, per affrontare il fattore esterno. Per esempio, per sviluppare nuovi mercati ed incrementare i volumi di vendita, decidiamo di investire su una nuova linea di produzione. La disponibilità di una nuova tecnologia può essere un'opportunità, dobbiamo quindi inserire nella nostra strategia il "cosa" dobbiamo fare per adottare questa nuova tecnologia. Considerazioni analoghe valgono per le minacce. Per esempio, l'entrata in vigore di una nuova normativa potrebbe mettere fuori mercato alcuni nostri prodotti, oppure l'entrata di un nuovo concorrente asiatico, con prezzi di vendita più bassi dei nostri, comprometterebbe la nostra quota di mercato. La nostra strategia dovrà definire il "cosa" fare. Per esempio, uscire da quel mercato per entrare in uno nuovo più redditizio. Oppure, modificare il nostro prodotto per differenziarlo dal nuovo concorrente.

Sviluppo del Piano Strategico

In conclusione, la nostra strategia dovrà delineare un percorso, da realizzare in un certo periodo di tempo (1-3 anni), finalizzato a raggiungere una certa destinazione. Come sarà la nostra azienda dopo questo periodo. Per delineare questo percorso, si utilizzano i **fattori critici di successo** per i quali sviluppiamo una serie di progetti e di azioni specifiche. Vediamone alcuni facendo qualche esempio.

- IL MIGLIOR POSTO IN CUI LAVORARE
  Le persone fanno l'azienda. Cambiare/migliorare l'ambiente di lavoro per renderlo più attrattivo al nostro personale. Condividere i valori aziendali con tutti i dipendenti. Programmi di sviluppo e formazione. Percorsi

di carriera delineati e discussi con le figure chiave. Miglioramento dell'ambiente di lavoro e della sicurezza sul lavoro. Monitoraggio continuo del clima aziendale. Benefits di vario tipo (asili aziendali, convenzioni con palestre, orari flessibili).

- CRESCITA DELLA QUOTA DI MERCATO
  Sviluppo di nuovi mercati, sviluppo della rete di vendita, sviluppo di nuovi prodotti, partnership con altre aziende.

- PRODOTTI INNOVATIVI/TECNOLOGIE INNOVATIVE
  a) Primi sul mercato. Anticipare la concorrenza e differenziarsi con prodotti di design ed utilizzando le ultime tecnologie disponibili.
  b) Oppure, al contrario, seguire i *trend setters* e produrre in maniera efficiente a costi più bassi prodotti di design della fascia alta.

Questa strategia (b), a differenza della precedente, può essere comunque considerata un approccio di eccellenza. Al fine di seguire il mercato con prodotti di buona qualità, prodotti con alti volumi e a prezzi di vendita più bassi. È la strategia che ha seguito l'industria giapponese nel dopoguerra, e più recentemente la Corea del Sud.

- ECCELLENTE SERVIZIO AL CLIENTE (BEST IN CLASS)
  Offrire tempi di consegna molto più brevi (-50%) di quanto si aspetti il cliente. Ridurre drasticamente i reclami cliente (100 ppm max). Offrire un servizio post vendita eccellente.

- VELOCITÀ DELLA SUPPLY CHAIN
  La rapidità di servizio, insieme alla qualità, sono oggi sicuramente i fattori critici di successo più importanti (vedi Amazon). Ad esempio, velocizzare e snellire tutta la supply chain in modo da dimezzare i tempi di consegna, partendo dal flusso produttivo interno. Riconfigurare tutta la catena di fornitura, inclusi i fornitori di materie prime.

- MIGLIORE EFFICIENZA ECONOMICA NEL SETTORE DI APPARTENENZA
  Proteggere la redditività, uscendo da determinati mercati o clienti, oppure abbandonare alcune linee di prodotto. Indice di economicità (ricavi/costi), indice di redditività (reddito/capitale investito), rotazione del magazzino (valore vendite/valore magazzino), indebitamento, crediti verso clienti.

Questi sono solo alcuni esempi di fattori critici di successo. Ogni azienda, dovrà identificare i propri. Essi rappresentano i capitoli principali entro i quali sviluppare la strategia. Una volta definiti, si passa alla fase successiva, dalle idee alle azioni.

10. STRATEGIA E IMPLEMENTAZIONE

"In realtà (la strategia) è un processo molto semplice.
Scegli una direzione e implementala con grinta (like hell)"

Jack Welch

La strategia, individuata per guidare lo sviluppo della nostra realtà aziendale lungo un percorso ben definito, deve contenere tutte le azioni necessarie per raggiungere i nostri obiettivi. E qui viene il bello. Ogni fattore critico di successo costituisce un capitolo che contiene l'insieme di azioni e progetti da implementare. Queste azioni possono essere delle semplici attività (es. installare una nuova macchina utensile, rimodernare alcuni uffici) oppure, come nella maggior parte dei casi, dei veri e propri progetti. Per alimentare di continuo questa *pipeline*, dobbiamo identificare una serie di *idee-progetto* da inserire nell' *imbuto di valutazione*. Attraverso incontri periodici, il management team discuterà le idee-progetto proposte per approvarle o scartarle. Ogni fattore critico di successo avrà una serie di idee-progetto, che con la loro implementazione possono coprire un intervallo temporale di 1-2 anni. La mia raccomandazione è di assegnare uno *sponsor* per ogni fattore critico di successo. Il ruolo dello sponsor, ad esempio il responsabile della supply chain per il fattore VELOCITÀ, è quello di promuovere idee-progetto da inserire continuamente nel proprio capitolo della strategia.

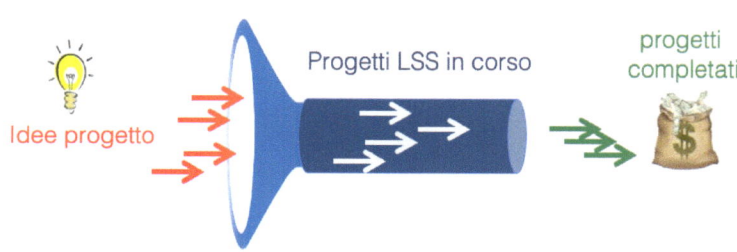

Se consideriamo che la nostra strategia possa avere una valenza pluriennale, ad esempio 2-5 anni, con cadenza annuale dobbiamo pensare alla sua ricalibrazione. Da un anno all'altro molte cose cambiano e ciò che abbiamo stabilito uno o più anni prima deve essere rivisto ed aggiornato. Nella maggior parte dei casi i fattori critici di successo rimangono invariati o si modificano di poco. Quello che cambia e si evolve avviene al di sotto di essi e riguarda le idee-progetto, che di anno in anno si aggiungono alla lista per poi entrare nell'imbuto di valutazione. Riepilogando, la strategia è strutturata attraverso i fattori critici di successo, che al loro interno contengono una serie di progetti da implementare e di obiettivi da raggiungere. Di anno in anno la strategia si adatta, si perfeziona, si aggiorna per far sì che la nostra azienda si posizioni dove noi abbiamo deciso, realizzando man mano i risultati prefissati.

11. SVILUPPO STRATEGICO DEI FORNITORI

"È necessario avere un rapporto di fornitura
in costante miglioramento"

W. Edwards Deming

Tutto ciò che abbiamo pensato e deciso riguardo la strategia aziendale non può prescindere dalla base fornitori. Il risultato finale verso il cliente, che sia un prodotto, un servizio o entrambi, è il risultato di un flusso produttivo che inizia dalle materie prime e che, attraverso la catena di fornitura, entra nel flusso produttivo per arrivare nelle sue mani. Se ci limitassimo a sviluppare una strategia aziendale dimenticandoci di includere i nostri partners esterni, sarebbe un esercizio inutile e privo di senso. Quindi, come poter affrontare la definizione e l'implementazione anche di una strategia di fornitura? Possiamo immaginare un percorso suddiviso in fasi principali, lungo il quale il nostro team di progetto procederà.

Fase 0

Fissare gli obiettivi da raggiungere con la nostra strategia di fornitura. Tali obiettivi saranno ovviamente correlati alla strategia aziendale ed ai suoi fattori critici di successo.

Vediamone alcuni come esempio:

- riduzione del costo complessivo di acquisto
- riduzione del lead time di fornitura
- miglioramento della qualità e riduzione dei difetti
- riduzione delle giacenze di magazzino nella supply chain
- sviluppo in co-design per alcuni componenti strategici
- introduzione di nuove tecnologie nel nostro prodotto
- avvio di altri siti produttivi

Fase 1

Individuare il team di progetto con il quale procedere. Ad esempio, dovremmo includere:

- la direzione acquisti
- il buyer della categoria merceologica in oggetto
- il progettista dell'ufficio tecnico per i componenti acquistati della specifica categoria
- il Supplier Quality Engineer (SQE) incaricato per quella tipologia di materiali o componenti
- eventuali consulenti di supporto

Partendo dalla configurazione attuale della nostra base di fornitura, dobbiamo suddividerla in categorie merceologiche (*commodities*) e per ogni categoria formulare ed implementare una strategia dedicata. Se acquistiamo, per esempio, stampati di acciaio (categoria stampaggio a caldo) ed anche schede elettroniche (categoria elettronica), le strategie di acquisto saranno completamente diverse. Il mio consiglio è quello di valutare bene su quali settori merceologici concentrarsi. Di solito si inizia dalle categorie più importanti, e successivamente si estende l'analisi alle altre. I criteri per stabilire il livello di importanza possono essere svariati: fatturato di acquisto, dipendenza tecnologica, fattori di differenziazione sul mercato, ed altri.

Fase 2
- Definire quale dovrà essere la **struttura del fornitore** nostro partner nei prossimi due, tre anni (organizzazione, tipologia di impianti, competenze tecniche)
- Stabilire i **parametri di valutazione** da utilizzare per la valutazione del fornitore allo stato attuale:
  - competitività
  - livello di servizio (puntualità di consegna)
  - lead time di fornitura
  - distanza dello stabilimento produttivo
  - livello di qualità e di miglioramento continuo

o possibilità di co-design

o struttura organizzativa aziendale

o capacità di investimento

o livello di innovazione

o solidità finanziaria

o certificazioni ambientali

o altri

Nella fase successiva il team si metterà al lavoro per valutare con una scala qualitativa (es. da 1 a 5) ogni fornitore della commodity sui parametri stabiliti. Per alcuni parametri si possono utilizzare dati già a nostra disposizione come: puntualità di consegna (% SDP), livello di qualità (ppm), lead time di fornitura (giorni).

Per quanto riguarda la valutazione di competitività, l'esercizio è più complesso. Una pratica collaudata è quella di individuare alcuni componenti di acquisto e di richiedere delle offerte a tutti i fornitori in grado di produrli, includendo anche aziende che al momento non forniscono quel prodotto. Una volta ricevute le offerte, potremo confrontarle tra di loro, oltre che con il prezzo di acquisto attuale, in modo da valutare il livello di competitività di fornitori simili e con le medesime capacità tecniche. Questa è anche un'opportunità per valutare qualche altra azienda non attualmente fornitrice (*scouting*).

Una volta completata la valutazione di competitività, possiamo assemblare le valutazioni ottenute con tutti i parametri per costruire l'**indice complessivo di performance** per ogni fornitore. Questo quadro è una fotografia della situazione attuale, che nel Lean Six Sigma DMAIC si colloca nella fase ANALYZE del progetto. In base al punteggio complessivo ottenuto, potremo suddividere i fornitori della commodity analizzata in tre categorie.

- **Classe_A**. Fornitori con un alto valore di performance complessiva. Aziende su cui puntare e con cui aumentare il volume di acquisto
- **Classe_B**. Fornitori con punteggio sufficiente, ma non ottimale, per i quali abbiamo un interesse ad investire per farli crescere e continuare con il rapporto di fornitura
- **Classe_C**. Fornitori con punteggio basso, poco strutturati, inaffidabili, a rischio di interruzione di fornitura. Fornitori da eliminare

La classica obiezione che si presenta è: se eliminassimo i fornitori della Classe_C non riusciremmo più a lavorare, ci fermeremmo. Obiezione accolta. Se lo facessimo immediatamente, sarebbe una certezza. Pertanto, la riduzione o eliminazione dei fornitori della Classe_C richiede un piano ben strutturato. Purtroppo, alcune aziende continuano a tirare avanti anche con fornitori poco affidabili (Classe_C), nella speranza che le cose migliorino da sole. Ciò non accade, e spesso il risultato si manifesta con impatti negativi anche sul cliente finale.

Fase 3

Per proseguire il nostro viaggio, dobbiamo stabilire il numero di fornitori di cui vogliamo disporre una volta implementato il nuovo scenario. Questo numero dipende da diversi fattori.

- Capacità produttiva di fornitura necessaria nei prossimi 1-2 anni

- Percentuale di fatturato min. e max. che vogliamo rappresentare come acquisto sul fatturato totale di vendita di ciascun fornitore. Non vogliamo che il fornitore sia troppo dipendente da noi (es. 70-90% del suo fatturato di vendita), per una ragione molto semplice. Se il nostro fatturato di acquisto subisse un calo significativo per quel tipo di componente, il fornitore si troverebbe in una grave crisi e verrebbe a bussare alla nostra porta disperatamente. Viceversa, nel limite del possibile, vorremo evitare di rappresentare una percentuale sul fatturato di vendita per il dato fornitore troppo piccola o irrisoria (<5%). In questi casi noi saremmo poco importanti e il fornitore potrebbe avere poca considerazione delle nostre esigenze.

- Vincoli tecnologici. Potrebbero esserci dei fornitori con i quali abbiamo dei vincoli tecnologici o di co-design.

Pertanto, non avremmo molta scelta e dovremmo continuare la nostra partnership con loro. Se il fornitore si trovasse in Classe_A, non sarebbe un problema. Se viceversa, il fornitore si trovasse in Classe_B o addirittura Classe_C, dovremmo predisporre un adeguato piano di azione.

- Vincoli contrattuali, per i quali il rapporto di fornitura è stato concordato per una certa durata nel tempo.

L'implementazione della nuova configurazione di fornitura dovrà prendere in considerazione due scenari futuri, basati sull'andamento dei volumi di acquisto (dati S&OP).

I. Volumi di acquisto stabili o in calo. In questo scenario molto spesso la strategia è quella di consolidare il business di acquisto verso un numero inferiore di fornitori. Eliminiamo fornitori con bassa prestazione (Classe_C) a vantaggio di quelli con indice di prestazione più alto (Classe_A o B), ottenendo così una base di fornitura migliorata nel suo insieme. Dal lato esterno, i fornitori meritevoli vedranno aumentare positivamente il loro volume di affari.

II. Volumi di acquisto in crescita. In questo scenario avremo bisogno di aumentare la nostra capacità produttiva e quindi il volume di acquisto. Certamente potremo premiare i fornitori con indice di prestazione più elevato (Classe_A e B). In questo scenario potrebbe anche esserci l'esigenza di introdurre nuovi fornitori. A questo scopo ci siamo preventivamente attrezzati, in quanto in fase di valutazione preliminare abbiamo già individuato e valutato i potenziali fornitori nuovi.

In entrambi gli scenari I e II vale l'approccio *do ut des*, per il quale offriamo un aumento del fatturato di acquisto ai fornitori meritevoli e in cambio poniamo delle condizioni. Di che cosa si tratta? Con la valutazione del singolo fornitore, tramite i parametri già discussi, abbiamo individuato dei **punti di forza** e dei **punti di debolezza**. Quando incontreremo il fornitore (Classe_A e B) per proporre l'implementazione della nostra nuova strategia, che prevede un aumento di fatturato di acquisto nei suoi confronti, richiediamo un piano di miglioramento ben strutturato per rafforzare i suoi punti di debolezza. Dalla mia esperienza, gli imprenditori sono ben lieti di ricevere questa proposta. Il loro cliente li spinge a migliorare per divenire più competitivi sul mercato, ottenendo in cambio un incremento del volume d'affari. Gli imprenditori più lungimiranti escono molto soddisfatti da questi incontri e mettono immediatamente in atto il piano di miglioramento richiesto. Nell'eventualità ci fossero aziende fornitrici non interessate ad investire per migliorare i punti di debolezza segnalati, esse non potranno beneficiare dell'aumento di volume e metterebbero in evidenza che non sono aziende su cui puntare nel prossimo futuro. L'anno seguente, alla prossima ricalibrazione della strategia di acquisto, questi fornitori saranno penalizzati nella valutazione complessiva e scenderanno nella classifica di prestazione con il rischio di cadere nella Classe_C, per la quale è prevista l'uscita del fornitore dal rapporto di collaborazione.

Una volta stabilito lo scenario futuro con l'insieme dei fornitori partner, si rivede l'assegnazione dei codici prodotto in base a quanto concordato nelle fasi di trattativa. La successiva implementazione è molto delicata e va studiata con la dovuta attenzione stabilendo un preciso programma, da monitorare settimanalmente, sia per i fornitori in *phase-in*, che per i fornitori in *phase-out*. Riguardo quest'ultimi, è bene prendere le giuste precauzioni per evitare possibili interruzioni della supply chain dovute a ripicche nei nostri confronti.

12. OBIETTIVI DI PERFORMANCE E KPI

"Prenditi il tempo per pensare, ma quando è il momento basta pensare, agisci!"

Napoleone Bonaparte

Perché abbiamo stabilito una strategia da seguire? Per una finalità ben precisa: raggiungere un risultato. Come facciamo a sapere quando lo abbiamo raggiunto? A questo scopo ci servono degli indicatori di performance, o *Key Performance Indicators* (**KPI**), per monitorare i progressi ed il raggiungimento dei nostri obiettivi. Un approccio pratico e semplice è quello di associare a ciascun fattore critico di successo uno o più indicatori. Facciamo qualche esempio per un paio di fattori critici di successo.

MIGLIOR POSTO IN CUI LAVORARE:
- piani di carriera condivisi [%] rapporto tra dipendenti con piano di carriera condiviso rispetto al numero totale di dipendenti di talento inseriti nel programma
- soddisfazione dei dipendenti [%] tramite survey, numero di soddisfatti e molto soddisfatti/totale dipendenti

- <u>turnover</u> [%] numero di dipendenti che lasciano l'azienda volontariamente rispetto al totale dipendenti
- <u>assenteismo</u> [%] numero medio di personale assente per malattia sul totale
- <u>ore straordinarie</u> [%] numero di ore lavorate straordinarie rispetto al totale ore. Meglio suddividerlo in due indicatori, impiegati e operatori
- <u>gestione per obiettivi</u> [%] rapporto tra numero di dipendenti con gestione tramite MBO (management by objectives) rispetto al totale

ECCELLENTE SERVIZIO AL CLIENTE:

- <u>disponibilità del prodotto</u> [giorni] tempo intercorso tra il giorno di consegna richiesto dal cliente (Ex Works) ed il giorno di spedizione confermato
- <u>lead time</u> [giorni, ore]
    - o prodotti commerciali: tempo intercorso dalla conferma d'ordine alla spedizione
    - o prodotti su commessa: tempo intercorso dal lancio della produzione alla spedizione
- <u>puntualità di consegna</u> [%] numero di ordini completi, consegnati nella finestra di consegna concordata con il cliente, rispetto al totale ordini spediti

- <u>reclami</u> [ppm] numero di pezzi reclamati dai clienti rispetto al totale di pezzi spediti (in parti per milione)
- <u>tempo di risoluzione del reclamo</u> [giorni] tempo intercorso dal ricevimento del reclamo alla risposta inviata al cliente, con l'analisi della causa del problema e l'azione correttiva implementata

Il progresso, che di mese in mese otteniamo, viene monitorato dal cruscotto degli indicatori di performance (KPI), che è il nostro navigatore. L'implementazione della strategia non si esaurisce in un solo periodo od evento, ma è un processo continuo che si perpetua nel tempo. La gestione dei team e dei progetti la affrontiamo nel capitolo successivo.

Dunque, se lavoriamo bene sulla parte strategica e generiamo una buona serie di idee-progetto, abbiamo compiuto solo una parte del nostro percorso. Attenzione, questo è il punto dove molte aziende perdono trazione. La generazione delle idee è una cosa, ma tradurle in fatti concreti è tutta un'altra storia. Perdere l'abbrivio e l'entusiasmo iniziale è abbastanza comune quando l'implementazione dei progetti si scontra con il quotidiano e le urgenze prendono il sopravvento. Progetti iniziati e completati in tempi lunghissimi o addirittura rimasti in sospeso è cosa abbastanza comune. La situazione paradossale che può venire a crearsi è proprio questa; progetti utili a migliorare i processi e a ridurre gli sprechi rimangono impantanati nella gestione del caos giornaliero. Si sente dire per mancanza di tempo. Certo, sto annegando e non ho tempo per imparare a nuotare…

13. LEAN SIX SIGMA

"I piani [la strategia] sono solo buone intenzioni, almeno che non si trasformino immediatamente in duro lavoro."

Peter Drucker

Verso la fine degli anni '80 Motorola decide di puntare sulla "Soddisfazione Totale del Cliente" attraverso un miglioramento decisivo della qualità del prodotto finito. Per ottenere questo risultato si ritenne necessaria una riduzione drastica della difettosità dei componenti contenuti nei prodotti venduti. Le migliaia di componenti elettronici contenuti in un prodotto Motorola (ponti radio, trasmettitori, cellulari) richiede un livello di difettosità bassissimo per ciascun componente, in modo di contenere la probabilità di guasto del prodotto finale. L'analisi statistica dei processi produttivi diviene l'arma utilizzata per ridurre la variabilità e i difetti. In conseguenza di questo cambiamento culturale, nel 1988 Motorola vince il *Malcolm Baldridge National Quality Award*.

La denominazione **Six Sigma** deriva dall'indicazione che un processo con bassissima probabilità di difetti, meno di 3,4 difetti per milione di opportunità (ppm), ha una variabilità naturale, misurata con sei deviazioni standard, così ridotta che occupa solo metà del campo di tolleranza previsto, dimostrando pertanto un'ottima "capacità di processo" (Cpk=2). Six Sigma indica uno stato di qualità molto alto per un processo produttivo.

In seguito, questo approccio statistico si evolve e diventa un approccio metodologico, denominato **DMAIC**, per affrontare e risolvere un problema o cogliere un'opportunità. All'inizio degli anni '90 Jack Welch, CEO di General Electric, punta sul Six Sigma come modello organizzativo e parte integrante della strategia aziendale. La metodologia Six Sigma si evolve e copre diversi aspetti diventando:

- un metodo statistico per valutare il livello qualitativo di un processo
- un approccio metodologico (DMAIC) per migliorare i processi aziendali, non solo produttivi
- un modello organizzativo che forma e sviluppa le persone di talento (Green Belts, Black Belts, Master Black Belts) da assegnare ai progetti di miglioramento individuati nello sviluppo della strategia aziendale

- un metodo per offrire nuove opportunità e percorsi di carriera all'interno dell'organizzazione aziendale
- un cambio culturale

Infatti, l'utilizzo dei dati nell'analizzare un problema, valutare una situazione o un'opportunità diviene il modo di approcciare il business, anche al di fuori dei singoli progetti di miglioramento. "Utilizza i dati per prendere decisioni" è diventato il modus operandi ad ogni livello nell'organizzazione.

Da allora è passato qualche decennio e via via sempre più aziende hanno fatto proprio questo approccio metodologico, che si è successivamente fuso con l'approccio giapponese, chiamato **lean**. Questo termine è stato coniato dagli autori Womack e Jones nella loro pubblicazione "La macchina che ha cambiato il mondo", frutto di uno studio sull'industria dell'auto in Giappone. La combinazione di queste due metodologie ha portato il **Lean Six Sigma**, un ulteriore conferma che la competizione spinge l'evoluzione della specie. Una ricerca, pubblicata dal "Six Sigma Magazine UK", riporta che il 52% delle prime 500 aziende mondiali censite dalla rivista economica "Fortune", utilizza correntemente il Lean Six Sigma. Queste aziende dichiarano inoltre di aver ottenuto risparmi tra il 2% e il 3% dei loro fatturati di vendita. È significativo osservare che tra le prime 100 aziende mondiali, sempre censite da Fortune, la percentuale di aziende che usano correntemente il Lean Six

Sigma sale all' 82%. Possiamo quindi affermare che il Lean Six Sigma è l'approccio organizzativo utilizzato dalla maggior parte delle grandi aziende di successo a livello mondiale.

14. GENRYO MANAGEMENT

*"Determina ciò che vuole il cliente, e quindi
lavora all'indietro"*

Jeff Bezos

Dopo la seconda guerra mondiale l'industria giapponese era completamente distrutta. Kiichirō Toyoda, figlio del fondatore di Toyota, decise di espandere l'azienda nel settore automobilistico, oltre alla già presente produzione di autocarri del periodo bellico. Secondo Toyoda lo sviluppo dell'industria automobilistica giapponese rappresentava un'opportunità per la crescita dell'economia e del benessere del Giappone. Contrariamente all'opinione dell'allora ministro dell'industria giapponese, il quale riteneva inutile investire nel settore dell'auto dove erano presenti i colossi americani, Toyoda intuì che per combattere la concorrenza di General Motors, Ford e Chrysler la strategia doveva essere un'altra.

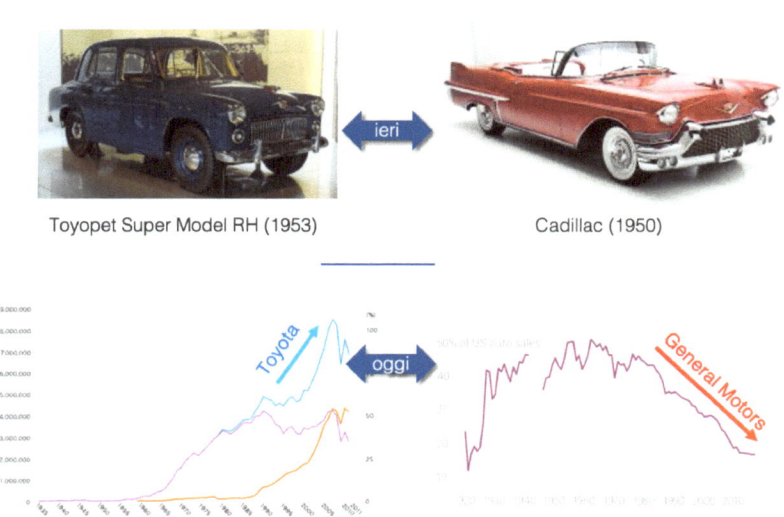

Strategia Toyota: fare di più con meno

Toyopet Super Model RH (1953)   Cadillac (1950)

Per crescere fu necessario esportare negli Stati Uniti dove il mercato era enorme come l'opportunità. Con quale strategia? L'approccio **Genryo**, definito da Taiichi Ohno ingegnere di Toyota, fu basato sul migliorare la competitività creando valore per il cliente e riducendo i costi di produzione. Qualità, affidabilità eccellente e prezzi di vendita competitivi. Semplice e ancora oggi molto efficace. Nel 2012 la Toyota diviene il primo produttore al mondo di automobili vendendo sul mercato 9,7 milioni di auto, sorpassando il gruppo General Motors e Volkswagen.

L'approccio Genryo racchiude diverse metodologie che lavorano in sinergia tra di loro.

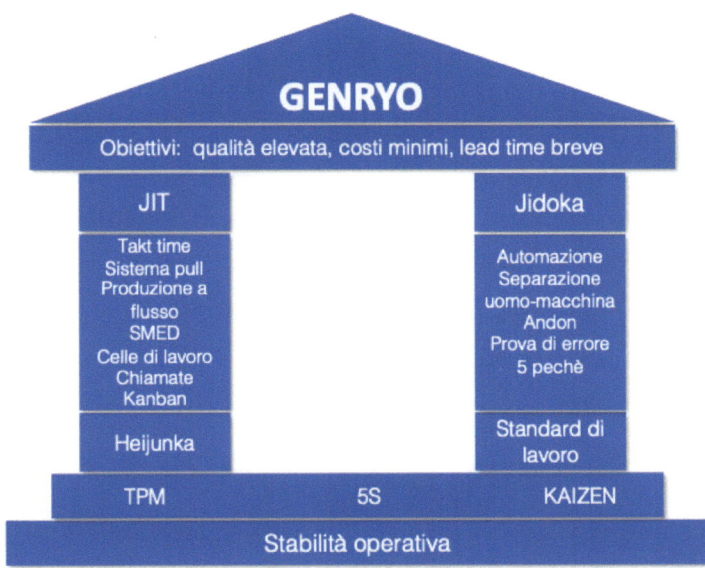

Al fine di ottenere gli obiettivi di **elevata qualità**, **minimi costi** di produzione e **tempi di risposta** (lead time) **brevissimi,** si deve prima costruire una importante base di stabilità operativa. Come farlo?

- Attraverso un programma di **Total Productivity Management** (TPM). Gli impianti e le macchine devono funzionare sempre al massimo della loro efficienza operativa a non devono guastarsi

- Estrema pulizia, ordine ed organizzazione delle aree operative, sia produttive sia degli uffici. La **metodologia 5S** (scartare, separare, sistemare, spazzare, sostenere) ci aiuta a realizzarlo. In questo ambiente otteniamo migliore sicurezza, qualità, semplicità dei movimenti e gradimento da parte degli operatori

- L'approccio al **miglioramento continuo** (*Kaizen*) attraverso un programma di continui progetti di miglioramento, organizzati per aree di lavoro e realizzati da team composti anche dagli operatori dell'area interessata

Ottenuta la stabilità operativa in continuo miglioramento, si organizza il *modello* per produrre a flusso o in **Just in Time** (JIT). Questo tipo di metodologia impedisce al materiale in produzione di fermarsi e sostare. Il materiale fermo lungo il flusso produttivo costituisce: spreco di spazio, tempo di attesa, denaro immobilizzato, rischio di obsolescenza, problemi qualitativi nascosti che possono rilevarsi a posteriori.

Il concetto ormai superato della produzione a *lotti e code:*

- allunga il lead time creando rilevanti quantità di materiale che stazionano nell'ambiente produttivo per ore/giorni/settimane
- impegna la capacità produttiva inutilmente impedendo di soddisfare altri ordini-clienti che rimangono in coda
- nasconde i problemi qualitativi

Nella maggior parte dei casi, la produzione a lotti viene giustificata dai costi di attrezzaggio (*setup*) che si ritiene vadano suddivisi e spalmati sull'intera produzione del lotto. Questo concetto obsoleto si appoggia erroneamente sul fatto che il setup sia un dato di fatto da inserire nell'equazione del costo come una costante. Al contrario, l'approccio giapponese Genryo considera il tempo morto (non produttivo) dell'attrezzaggio come uno **spreco**, che in quanto tale, deve essere ridotto o eliminato. La domanda è: fino a quanto dobbiamo ridurre il tempo di attrezzaggio? Nei casi in cui non sia fisicamente possibile portarlo a zero, ridurlo sino ad un valore vicino a quello del *takt time* (ritmo della domanda di mercato con cui produrre a flusso), per produzioni ad alti volumi, è considerato un buon risultato su cui puntare. La metodologia utilizzata per ridurre questi tempi improduttivi è lo **SMED** (Single Minute Exchange of Die). Questa metodologia si basa sul concetto di analizzare attentamente, attraverso dei filmati, le attività di attrezzaggio per separare le attività importanti e necessarie dalle attività-spreco, come ad esempio cercare degli attrezzi o attendere un operatore specializzato per effettuare una specifica operazione. Una volta definite con chiarezza le **attività a valore** per il cliente, si ridisegna l'attrezzatura e la sequenza di attività in modo da eseguirle il più possibile *esternamente* al flusso produttivo, anticipandole o mettendole in parallelo. L'obiettivo finale è quello di portare ai minimi termini le attività, denominate *interne*, che per essere eseguite interrompono il flusso produttivo.

Per implementare la produzione Just in Time è prima necessario stabilire quale sia il ritmo produttivo, o **takt time,** da ottenere per soddisfare la domanda di mercato nel periodo di tempo di riferimento considerato (settimane/mesi/anno). L'obiettivo è proprio quello di dimensionare il flusso produttivo in base al takt time richiesto. In questo modo, tanto si vende e tanto si produce. Un aspetto fondamentale per ottenere questo risultato è il livellamento **heijunka** della domanda nel punto di entrata del flusso produttivo, che si ottiene organizzando in una certa maniera gli ordini di lavoro.

Riepilogando, sono tre gli elementi fondamentali dell'approccio Just-In-Time.

- **Takt time**

- o   il ritmo della produzione per soddisfare la domanda di mercato

- **Produzione a flusso**
  - o   produrre e spostare il prodotto, senza farlo fermare, al ritmo del takt time
  - o   osservare le fluttuazioni di output, attraverso la *production analysis board*, per individuare eventuali fluttuazioni rispetto al takt time. Tali fluttuazioni rappresentano un'opportunità per lavorare sul miglioramento del flusso produttivo
  - o   eliminare i movimenti dell'operatore lontano dalla postazione di lavoro in quanto provocano discontinuità al flusso, tipico delle produzione a lotti
  - o   concepire il layout produttivo per produrre un prodotto/ordine alla vota (*one piece flow*)?

- **Sistema Pull**
  - o   organizzare la sequenza produttiva in maniera che scorra sotto forma di flusso, al ritmo delle vendite, tirata dagli ordini cliente

Una volta dimensionato il flusso, la programmazione della produzione deve entrare livellata in un solo punto del flusso chiamato *pacemaker*. Da questo punto a monte la produzione viene tirata (sistema pull) attraverso, ad esempio, un sistema

kanban. Questo sistema visivo, che prende il nome dalla parola cartellino in giapponese, si basa sul concetto di ripristino del consumato. Pertanto, ripristiniamo una quantità perché si è consumata, non produciamo a fronte di un evento futuro come un ordine od una previsione che può modificarsi e cambiare nel tempo. Per fare un semplice esempio, supponiamo di produrre dei prodotti che partano da una lavorazione di una materia prima, ad esempio delle barre di acciaio. L'approvvigionamento di queste barre, eseguito con la metodologia kanban, avverrà quando il consumo di una certa quantità, calcolata come la domanda media per il lead time di approvvigionamento più una scorta di sicurezza (K=D*LT+SS), darà il segnale visivo del ripristino della scorta. Se consumiamo, ordiniamo. Se non consumiamo, non ordiniamo. Il punto di forza di questo metodo è che si basa su di un evento che è già avvenuto, scritto nella storia. Ripristiniamo la scorta basandoci su di un dato certo, già avvenuto nel tempo, quindi sicuro. Di contro, se ordiniamo del materiale basandoci su di un ordine cliente, che può cambiare nel tempo o ancor peggio su di una previsione, ci basiamo su di un evento futuro incerto per definizione perché deve ancora manifestarsi. Questa parte del flusso produttivo, a monte del cosiddetto *pacemaker* (*heijunka*), ci permette di ridurre drasticamente il lead time produttivo. Ovviamente questo approccio, che trova un'ottima applicazione su articoli ripetitivi o continuativi, ha i suoi limiti su articoli unici o di raro utilizzo.

Questi possono essere prodotti costruiti, o progettati su commessa, per i quali il cliente è generalmente disposto ad aspettare un tempo più lungo, vuoi per l'unicità dell'oggetto o per la data di utilizzo richiesto in là nel tempo. Un'attenta analisi della distinta base del prodotto permette di individuare facilmente quali codici di componenti, o di materie prime, ben si prestino alla metodologia della *chiamata kanban*. Inoltre, l'analisi del processo produttivo con l'utilizzo della **Value Stream Map (VSM)** per famiglia produttiva, permette anche di individuare quale sia il punto ottimale nel flusso per inserire la programmazione *heijunka*. Da quel punto a valle la produzione sarà di tipo FIFO (*first in, first out*) e da quel punto a monte la produzione sarà di tipo *pull*.

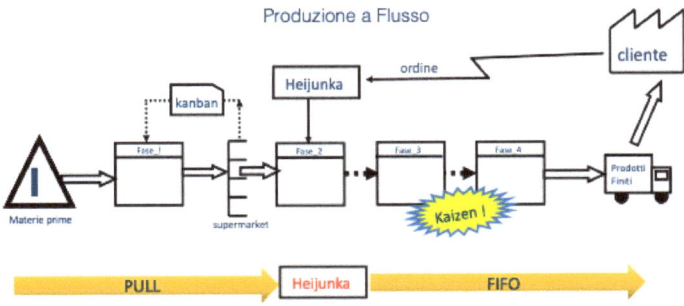

Il secondo pilastro dell'approccio Genryo riguarda il concetto di **automazione intelligente**, nel senso di interazione con l'uomo (*jidoka*). L'operatore che interagisce con questo tipo di automazioni, al sopraggiungere di una difettosità, è in grado di attuare una reazione immediata in modo da correggere la difettosità ed evitare che si propaghi nel resto della produzione.

Le attrezzature di produzione devono essere:
- facili da manutenere (TPM)
- altamente disponibili, con alta efficienza (OEE)
- veloci nel cambio tipo (setup bassi)
- di minime dimensioni, meglio diverse piccole che una sola grande
- facili da spostare
- semplici e poco costose

Un impianto ad elevata capacità produttiva spesso condiziona il management a fare grandi lotti produttivi per tenerlo impegnato il più possibile. Questo approccio tradizionale porta di conseguenza ad avere lunghi lead time produttivi. L'approccio Genryo, invece del grande impianto, presceglie più impianti di minori dimensioni ottenendo diversi vantaggi. Il primo è che, in funzione delle diverse famiglie di prodotto, organizza la sequenza di fasi secondo il flusso produttivo collegando tra loro le diverse macchine. Quindi più impianti piccoli, invece che uno solo grande, permette di organizzare diversi flussi produttivi a vantaggio di un lead time più breve e di un'efficienza più alta, dovendo eseguire meno attrezzaggi. Un secondo vantaggio è che, in funzione della variazione della domanda di mercato, si possono attivare o disattivare i flussi produttivi tenendo operativi solo quelli interessati a coprire la domanda. Altro vantaggio è che impianti più piccoli sono più facili da spostare e adattare in funzione delle evoluzioni del prodotto durante il suo ciclo di vita.

In conclusione, mettere a flusso un processo produttivo ci "obbliga" a rimuovere gli sprechi lungo il processo. Sprechi che possono essere più o meno facili da eliminare. Questo richiederà diversi passi che porteremo avanti uno alla volta. L'aspetto molto interessante è che il **tempo di attraversamento** (lead time) indica quanto sia efficiente il nostro processo. Per **efficienza di processo** intendiamo il rapporto (%) tra la sommatoria delle **fasi a valore per il cliente** e del tempo di attraversamento. Maggiore sarà l'eliminazione degli sprechi, con conseguente riduzione del tempo di attraversamento, maggiore sarà l'incremento dell'efficienza di processo (%). È strabiliante osservare come al diminuire del lead time migliora l'efficienza e la produttività. La spiegazione di tutto ciò è molto semplice: con l'eliminazione degli sprechi, il personale impegnato sul processo dedicherà più tempo alle attività a valore per il cliente e meno tempo alle "attività-spreco", inutili per il cliente. Come conseguenza aumenterà la **capacità produttiva** del processo, a parità di risorse impiegate. Oltre a ridurre i tempi di consegna, a beneficio del cliente finale, otterremo una riduzione dei costi produttivi (€) e del livello di giacenza dei materiali (€).

15. STANDARD OPERATIVO

Non basta fare del nostro meglio; dobbiamo prima sapere cosa fare, e poi fare del nostro meglio.

W. Edwards Deming

Al fine di ottenere costantemente prodotti di qualità, si impone il definire, in modo molto chiaro e preciso, quale sia lo **standard di lavoro**. Ho visto in molte situazioni affidarsi, per tradizione o comodità, all'esperienza degli operatori tralasciando l'importanza di documentare, anche in maniera semplice (procedure, istruzioni, schede, foto), il miglior modo per compiere quell'operazione. Questa mancanza di documentazione permette ad ogni singolo operatore di interpretare a modo suo lo svolgere dell'attività aumentando così la *variazione* e creando l'opportunità per generare dei difetti. Lo standard di lavoro è la base per le attività di produzione al fine di produrre in maniera sicura, semplice ed efficace. Esso rappresenta anche la base per il miglioramento continuo e va stabilito almeno su tre elementi:

1. takt time, calcolato sul ritmo della domanda di mercato

2. ciclo di lavoro, con la sequenza delle fasi
3. quantità di materiale tra le fasi, lungo il flusso produttivo

Tutte le attività a valore devono far parte del ciclo di lavoro. Ogni attività fuori ciclo, e quindi non prevista, distrugge il flusso produttivo e rende inefficiente seguire il takt time di riferimento. Se queste extra attività sono necessarie, vanno distribuite al team leader o agli operatori logistici di supporto. La definizione, e la successiva documentazione nei diversi formati dello standard di lavoro, diviene il materiale di supporto per la formazione di nuove risorse e il riferimento oggettivo in caso di dubbi o di dimenticanze. L'aver definito a priori il modo corretto di lavorare, costituisce il presupposto per ottenere il corretto comportamento del personale addetto. Nel caso qualcuno non segua lo standard definito, il supervisore ha la possibilità di richiamare l'addetto facendo riferimento allo standard di lavoro ben documentato ed esposto in bella vista. Si evitano così alibi, scuse, dimenticanze, interpretazioni personali, a vantaggio dell'efficienza e della qualità.

Come abbiamo visto l'approccio metodologico Genryo ci offre la possibilità di guadagnare un importante **vantaggio competitivo**. Come utilizzarlo strategicamente? La riduzione dei costi, la riduzione dei tempi di consegna ed il miglioramento della qualità, ottenuti con migliorate efficienze, possiamo sfruttarli in diversi modi.

Tutto è cambiato. Qual è il tuo riposizionamento strategico?

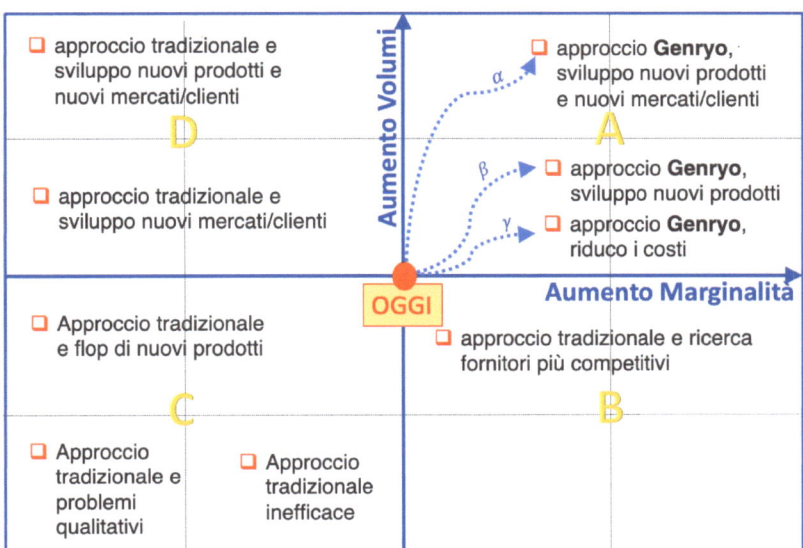

o <u>Opzione α:</u> aumentare la marginalità e la qualità, investire nello sviluppo di nuovi mercati e nuovi prodotti. Crescono i volumi e i margini

o <u>Opzione β:</u> aumentare la marginalità e la qualità, investire nello sviluppo di nuovi prodotti per i mercati attuali. Crescono i volumi e i margini

o <u>Opzione γ:</u> mercato difficile, aumentare la marginalità a parità di volumi

Questa metodologia di gestione aziendale ci permette di migliorare i profitti anche in tempi di crisi economica, o di calo dei volumi di vendita.

16. PROCESSO DI SALES AND OPERATIONS PLANNING

"Il prezzo della luce è inferiore al costo dell'oscurità"

Arthur C. Nielsen

Il dimensionamento del nostro flusso produttivo si basa su una fotografia istantanea che delinea, in termini di famiglie di prodotto (Φ), un dato volume sul quale calcolare il takt time, e di conseguenza la sincronizzazione delle fasi di lavoro. Se non ci fossero cambiamenti da parte del mercato, saremmo a posto. Purtroppo, o per fortuna, non è quasi mai cosi. Le condizioni di mercato cambiano continuamente sia in termini di mix produttivi sia di volumi di vendita. La gestione ottimale della nostra azienda richiede un continuo **bilanciamento** tra domanda (*demand*) e produzione (*supply*). Questo bilanciamento permette di adattare continuamente il sistema produttivo al variare della domanda di mercato evitando di cadere in due distinti spiacevoli scenari:

I.   la domanda scende creando un <u>eccesso di capacità</u> produttiva, forza lavoro, inventario di prodotti finiti, materiali nel processo (**WIP**), materie prime

II.   la domanda sale creando una <u>scarsa capacità</u> produttiva, tempi lunghi per servire i clienti, eccesso di ore lavorate straordinarie, problemi qualitativi dovuti alle urgenze, rotture di stock di prodotti finiti, scarsità di materie prime, stress nell'organizzazione

Il necessario continuo adattamento della capacità produttiva e del piano principale di produzione si chiama bilanciamento. Nella maggior parte delle aziende questo lavoro di bilanciamento viene fatto in maniera reattiva quando si è già verificato il problema degli scenari I oppure II, descritti sopra. Questo ritardo nell'agire comporta sempre una serie di maggiori urgenze, maggiori costi, maggior stress, maggiore tensione con i clienti. In altre parole, difficoltà e insoddisfazione nell'organizzazione.

Approccio al bilanciamento

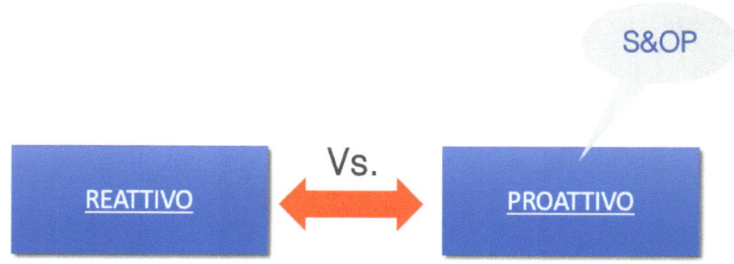

Tuttavia, esiste già da tempo un processo organizzativo chiamato di **Sales and Operations Planning (S&OP)** sviluppato e descritto in maniera eccellente da Thomas F. Wallace il quale afferma che: *"il processo di Sales and Operations Planning è un ottimo sistema decisionale che aiuta a fornire un eccellente servizio ai clienti e a gestire l'azienda al meglio. È un ottimo strumento quando usato correttamente."*

L'idea, alla base del processo S&OP, è proprio quella di guardare avanti e prepararsi in tempo per adattare il dimensionamento dei flussi produttivi in base ai volumi di vendita delle **famiglie di prodotto** (Φ) considerate.

Mantenere bilanciati *demand* e *supply*

Il concetto della famiglia di prodotto (Φ) considera un insieme di codici prodotto che hanno in comune la maggior parte delle fasi del ciclo produttivo. Questo concetto di aggregazione ci risparmia la necessità di essere molto precisi guardando molto avanti nell'orizzonte temporale della pianificazione. Per fare un esempio, consideriamo i codici prodotto α, β e δ appartenenti alla medesima famiglia di prodotto Φ. In un orizzonte temporale medio-lungo (3-12 mesi), ai fine della rimodulazione (dimensionamento) della capacità produttiva del flusso, non è importante sapere quale sia il volume dei singoli codici α, β o δ, quello che ci interessa è conoscere il volume totale. Pertanto, dato il volume della famiglia produttiva ad un determinato mese in avanti, dovremmo stabilire se la capacità produttiva degli impianti interessati sia adeguata, se il numero di operatori della forza lavoro sia adeguato, eccessivo o scarso. Diversamente, in un orizzonte di pianificazione breve (es. 1-3 mesi), avendo già nei mesi precedenti stabilito la capacità produttiva necessaria, entriamo in un livello di pianificazione più dettagliato chiamato **Piano Principale di Produzione** o *Master Production Schedule (MPS)* con il quale pianifichiamo a livello settimanale le quantità dei singoli codici α, β e δ.

Processi di Pianificazione

Purtroppo, una gran parte delle aziende non possiede un vero processo S&OP ben strutturato e maturo. Esse si barcamenano con il Piano Principale di Produzione per i prodotti finiti, o ancora peggio, con il solo MRP a livello di singoli codici di prodotto. Sul lungo periodo (oltre i tre mesi) il Piano Principale è uno strumento poco utile, in quanto i volumi relativi ai singoli codici cambiano continuamente. Quindi, se fissati oggi, sarebbero certamente inesatti e di conseguenza costringono a infinite ripianificazioni lungo l'intera supply chain. In aggiunta, non avendo lavorato con il dovuto anticipo sul lungo periodo per il corretto dimensionamento della capacità produttiva, impostato sulle famiglie produttive, ci si troverà costantemente in difficoltà.

Gli effetti nefasti di questa limitata organizzazione sono:

- scarsità della forza lavoro (considerando anche il tempo necessario alla formazione di nuovi addetti) o eccesso
- scarsità od eccesso di materie prime o di prodotti finiti
- tempi di consegna allungati, in caso di aumento dei volumi di vendita, con conseguente impatto negativo sui clienti
- tempi troppo stretti per installare nuove macchine utensili, nuovi impianti (da considerare anche i tempi necessari al collaudo e alla validazione dei pezzi prodotti con il nuovo impianto)
- nessuna visibilità utile avanti nel tempo per i fornitori, in quanto i volumi dei singoli codici sul medio periodo saranno continuamente variabili ed inesatti. Pertanto, inutilizzabili da parte dei fornitori

Se consideriamo il famoso detto per il quale "non conosci quello che non conosci", molte aziende pensano ingenuamente di possedere gli strumenti necessari in quanto hanno un loro proprio sistema di gestione consolidato nel tempo. Alcune lo chiamano "riunione di portafoglio ordini" altre "carico di lavoro", oppure "fabbisogno ore di mano d'opera", ed altri ancora. Tuttavia, anche nelle aziende che già utilizzano un processo S&OP, ma non sufficientemente consolidato ad un discreto livello di "maturità", possono coesistere diversi tipi di debolezze. Vediamone alcune.

Sette errori comuni nel processo S&OP

1. <u>Mancanza di ownership</u> da parte del management team. Spesso per mancanza di adeguata formazione da parte del dello stesso management, o perché si ritiene che il processo debba essere portato avanti esclusivamente dalla direzione Supply Chain. Il processo si dimostra inconsistente e poco utile.

2. <u>Mancanza di coordinazione</u> tra i vari dipartimenti interessati. Un processo poco strutturato vede ogni funzione ragionare in maniera a sé stante: il commerciale in euro, la produzione in pezzi e la finanza in % di margine. Si fatica a costruire un piano S&OP efficace.

3. Focalizzazione su di un <u>unico piano</u>. Un buon processo di Pre-S&OP deve essere in grado di generare più di un piano con diversi scenari da sottoporre all'Executive S&OP meeting per la scelta finale.

4. <u>Complessità eccessiva</u>. Essere poco organizzati nello strutturare la raccolta dati, o dover gestire troppi dati, porta a

spendere molta energia nella prima fase del ciclo creando ritardi alle fasi successive. Arrivare all'Executive S&OP in ritardo, tipicamente all'inizio del mese successivo, vanifica i benefici dell'S&OP rendendo praticamente obsoleti i dati analizzati.

5. Pensare che il processo di S&OP sia <u>semplicemente il demand plan</u>. Si vedono spesso aziende che pensano di avere un processo di S&OP, ma che in realtà si limitano alla formulazione mensile del piano delle vendite da dare poi in pasto alla pianificazione del *master scheduler*. Un processo di S&OP efficace vede coinvolte almeno le funzioni: commerciale, supply chain, produzione, ufficio tecnico, ingegneria di produzione, acquisti, risorse umane e controllo di gestione.

6. <u>Mancanza di miglioramento continuo</u>. L'S&OP è di fatto un processo, e come tale va migliorato nel tempo. Le prime volte si incontrano contrattempi e difficoltà. Conviene sempre partire con una configurazione semplice e migliorarla ciclo dopo ciclo.

7. Pensare che sia <u>indispensabile un software</u> adatto. Anche se sul mercato esistono delle applicazioni specifiche, si può tranquillamente lavorare con dei file formato Microsoft Excel. Anzi, all'inizio è fortemente raccomandato. Solo quando il processo di S&OP sarà sufficientemente maturo, e si avranno le idee chiare su come funziona, allora si potrà pensare di investire in una applicazione specifica.

Un processo S&OP strutturato e maturo ci offre enormi possibilità per gestire la complessità aziendale secondo uno schema di gioco ben preciso ed efficace. Possiamo infatti occuparci non solo del corretto dimensionamento della supply chain, ma anche di altri aspetti tattici importanti quali:

- la penetrazione di nuovi mercati
- l'introduzione di nuovi clienti
- l'introduzione di nuovi prodotti
- l'avvio di nuovi stabilimenti

Processo di Sales & Operation Planning (S&OP)

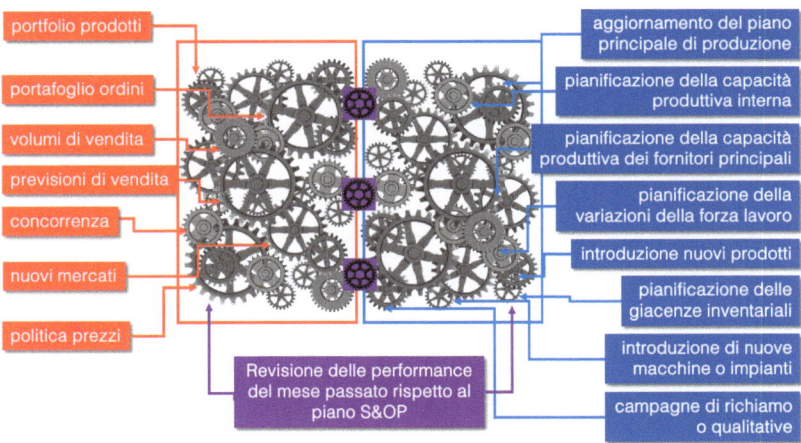

La gestione del processo S&OP avviene con delle sequenze ben precise e cadenzate nel tempo, in modo da "pulsare" con frequenza mensile.

Nelle quattro settimane del mese si completa:

1. la chiusura del mese precedente e il consolidamento del demand plan
2. la preparazione del supply plan
3. la costruzione degli scenari principali tramite il Pre-S&OP team
4. validazione dello scenario prescelto dall'Executive-S&OP team

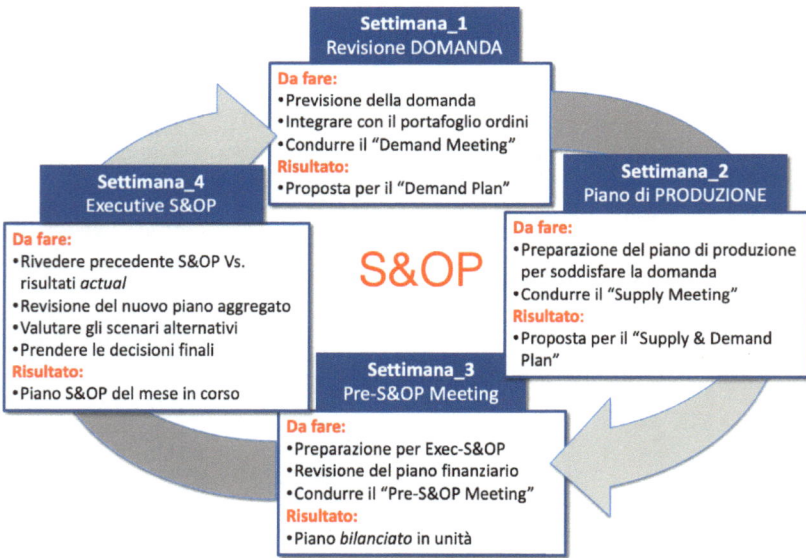

La validazione finale del piano S&OP viene eseguita dal direttore generale con la sua squadra di governo. Nel mese successivo, al prossimo S&OP, come primo passo si valuterà la chiusura del mese precedente (*actual*) con il piano S&OP di rifermento. Questa attività è fondamentale al fine del continuo miglioramento del processo. Imparare dagli errori di valutazione e decisione, monitorando attraverso precisi indicatori (KPI) le performance del processo, come ad esempio:

- accuratezza delle previsioni di vendita (%) a 3 mesi, 6 mesi e 9 mesi
- puntualità di consegna verso i clienti (%)
- disponibilità del prodotto finito, in termini di lead time o tempo di attesa del cliente (giorni)
- numero di rotazioni del magazzino (IR)
- utilizzo della capacità produttiva attuale su disponibile (%)
- efficienza e produttività delle linee di produzione (%)
- ore lavorate straordinarie (%)

Riguardo l'**accuratezza** delle previsioni di vendita, si sente spesso ribattere con molto fervore circa l'impossibilità di ottenere delle previsioni accurate: "i nostri clienti cambiano idea continuamente", "non abbiamo informazioni dal mercato", "siamo un azienda diversa dalle altre". Di fronte a queste obiezioni possiamo certamente affermare che ogni previsione di vendita, sarà certamente sbagliata, specialmente se distante nel tempo. Sarebbe bello poter pronosticare con estrema precisione eventi che si dovranno manifestare nel prossimo futuro. Tuttavia, quello che a noi interessa è proprio la quantificazione dell'incertezza, dell'errore della nostra previsione (ad esempio misurata a 3 mesi, 6 mesi, 9 mesi). Per ulteriori approfondimenti sulle metodologie, e modelli statistici di previsione, rimando il lettore ai testi specializzati. Comunque, la misura dell'accuratezza della previsione si intende riferita ad un dato volume complessivo di prodotti, appartenenti ad una data famiglia produttiva (Φ), previsto per essere venduto in un dato mese futuro. Ad esempio, se il mese in cui si discute il processo S&OP è novembre, il piano della domanda contiene il volume di prodotti di alcune famiglie (es. H, L, M) per i mesi di dicembre, gennaio, febbraio, marzo e così via. Se prendiamo come esempio un volume di vendita di 1.000 pezzi previsto a febbraio per la famiglia H, terremo questo dato nel cassetto e lo tireremo fuori dopo 3 mesi, esattamente una volta chiuse le vendite del mese di febbraio. Confrontando il valore effettivo di pezzi venduti (es. 900 pz) per la famiglia H in febbraio, ed il numero che avevamo previsto tre mesi prima a novembre, otterremo una differenza di 100pz (errore di previsione) che rapportata in valore assoluto alla quantità prevista (100pz/1.000pz) rappresenta l'errore relativo di previsione (10%). Il suo complementare (90%) costituisce il **livello di accuratezza** di quella singola previsione.

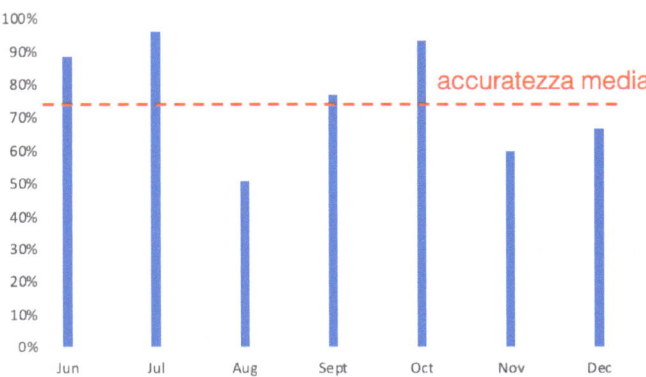

Accuratezza delle previsioni di vendita

Dopo un certo periodo di tempo, ad esempio sei/sette mesi, disporremmo di una serie di dati di accuratezza (una % calcolata ad ogni mese) di cui il valore medio costituisce un discreto riferimento per quanto riguarda l'accuratezza del nostro modello previsionale. Questo numero è molto importante perché ci aiuterà a prendere decisioni migliori in ambito S&OP, per quanto riguarda il dimensionamento della capacità produttiva nel terzo mese avanti, febbraio del nostro esempio. Come enunciato dallo statistico britannico George Box, "ogni modello è sbagliato, ma alcuni sono utili".

17. INTEGRATED BUSINESS PLANNING

"Devi mangiare mentre sogni. Devi mantenere gli impegni a breve termine, mentre sviluppi ed implementi una strategia a lungo termine. Il successo è nel fare entrambe le cose, camminando e masticando una gomma, se vuoi."

Jack Welch

Il processo di Sales & Operations Planning (S&OP), nato per gestire il bilanciamento tra piano delle vendite e piano di produzione a livello aggregato sugli orizzonti di breve, medio e lungo termine, si è evoluto nel tempo considerando anche l'insieme di altri importanti fattori, tra cui la gestione del portafoglio prodotti, l'implementazione della strategia e la riconciliazione finanziaria. Il successivo sviluppo del processo S&OP nelle aziende eccellenti ne ha fatto il processo principale per la gestione del business, integrando in esso anche l'esecuzione della strategia aziendale. Questa recente evoluzione ha costituito il nuovo processo di **Integrated Business Planning (IBP)**. In estrema sintesi: strategia, esecuzione, gestione e sviluppo delle persone.

Quale dei due processi è il più adatto alla tua realtà aziendale? Il mio suggerimento è il seguente. Se ti trovi in una fase iniziale di approccio, l'S&OP è il processo da sviluppare e su cui strutturarsi al fine di poter godere appieno dei suoi benefici, sia tangibili sia intangibili, nell'ambiente di lavoro.

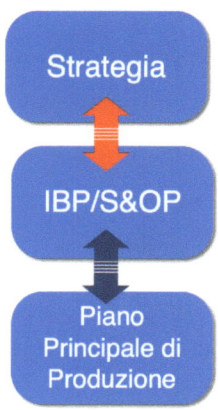

La buona affidabilità dei dati, il corretto bilanciamento tra domanda e piano produttivo, ottenuto grazie alle necessarie variazioni della capacità produttiva gestite nei tre orizzonti temporali, evitano l'inutile spreco di energie nella gestione quotidiana del caos. Ottenuto questo livello di maturità del processo S&OP, l'organizzazione aziendale può dedicarsi alla ricerca di nuove opportunità. Nel caso in cui i membri del Pre-S&OP team abbiano già raggiunto un buon livello di sincronia ed ownership nelle prime quatto fasi del processo, in modo da formulare degli scenari che vengono poi solo discussi ed approvati dal management team all'Executive-S&OP, e se avete già superato le lunghe discussioni per cercare di risolvere i problemi nell'ultima (quinta) fase del processo, allora siete pronti per fare la transizione e costruire la struttura del nuovo processo di Integrated Business Planning (IBP).

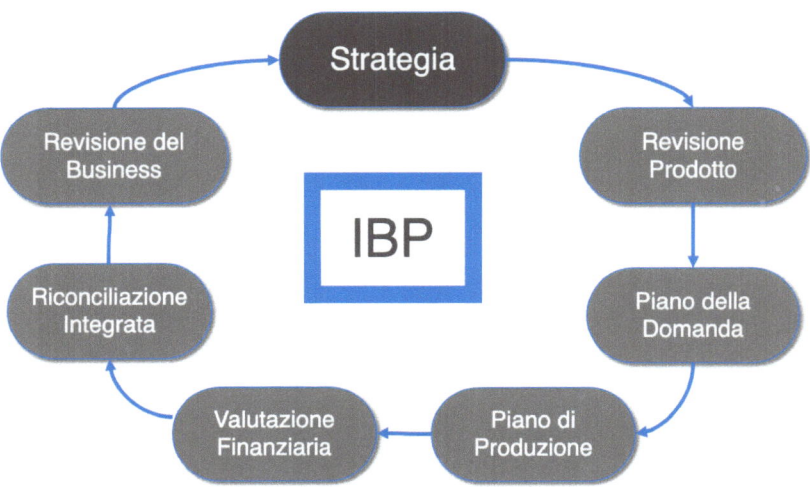

Integrated Business Planning (IBP)

Le fondamenta rimangono sempre il bilanciamento del Piano della Domanda (Demand Plan) con il Piano di Produzione (Supply Plan). Le criticità e gli eventuali problemi, inclusa la riconciliazione finanziaria, vengono attaccati e risolti nella fase di Riconciliazione Integrata (Integrated Reconciliation).

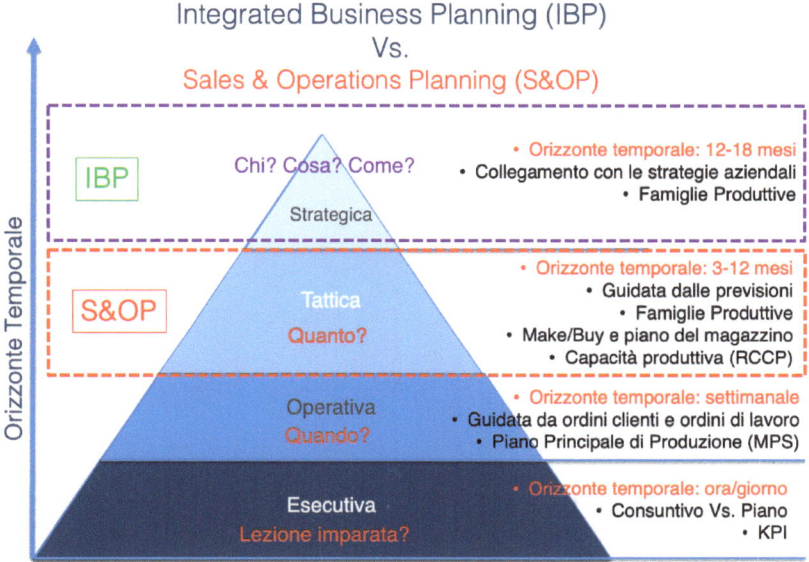

Come per l'S&OP, è sempre meglio risolvere le problematiche a questo livello proponendo scenari alternativi, da validare con il management team nell'ultima fase di Revisione del Business (Management Business Review). Tuttavia, il punto forte di questo nuovo processo è la continua verifica (mensile) di allineamento con la strategia aziendale, che porta ad intraprendere per ogni funzione le dovute correzioni o l'eventuale ricalibrazione della strategia a livello aziendale. A questo proposito, nel prossimo capitolo vedremo come tradurre la strategia aziendale in azioni concrete.

18. ORGANIZZAZIONE LEAN SIX SIGMA

"Se continui a fare ciò che hai sempre fatto, otterrai quello che hai sempre ottenuto."

Henry Ford

Nei capitoli precedenti abbiamo discusso di strategia e della sua implementazione attraverso i progetti di miglioramento, che possono svilupparsi con diverse forme. Indipendentemente da quale strada prendiamo riguardo la scelta dell'idea-progetto, ad un certo punto questa idea deve trasformarsi in un progetto reale che, una volta concluso, ci porti i risultati previsti. Questi risultati concretizzano ciò che abbiamo pensato e disegnato con la nostra strategia. L'approccio e l'organizzazione Lean Six Sigma offrono un modello che, attraverso lo sviluppo delle figure di talento con uno specifico percorso formativo **Yellow Belt, Green Belt, Black Belt** e **Master Black Belt**, creano un ambiente altamente dinamico nel quale una buona parte della popolazione aziendale partecipa ai progetti di miglioramento. In particolare, le Master Black Belt e le Black Belt sono figure che lavorano a tempo pieno su progetti di miglioramento e sono ruoli tipici nelle grandi aziende che riescono a giustificare l'impegno di queste risorse. Le **Green Belt** sono delle figure che hanno un ruolo *di linea* in azienda (es. buyer, pianificatore, progettista, controller, addetto alla qualità, capo reparto). Una volta completato il percorso formativo Lean Six Sigma, esse guidano i progetti di miglioramento a loro assegnati con un impegno di circa il 10-20% del loro tempo. Dalla mia esperienza, ritengo che questo tipo di organizzazione Lean Six Sigma, basata sul gruppo di Green Belts, costituisca l'approccio di maggior successo in quanto si adatta perfettamente a qualsiasi dimensione aziendale, e non prevede di impiegare a tempo pieno risorse dedicate unicamente allo svolgimento dei progetti. L'approccio formativo, che con Eccellenza Operativa proponiamo, si basa sul semplice principio: *"si impara solo facendo"*. Con questo programma sono previste delle giornate di aula poi seguite da un'esperienza pratica, guidata dai consulenti, sulla conduzione dei progetti Lean Six Sigma. Al termine di questo percorso, teorico e pratico, la Green Belt ottiene la certificazione Lean Six Sigma.

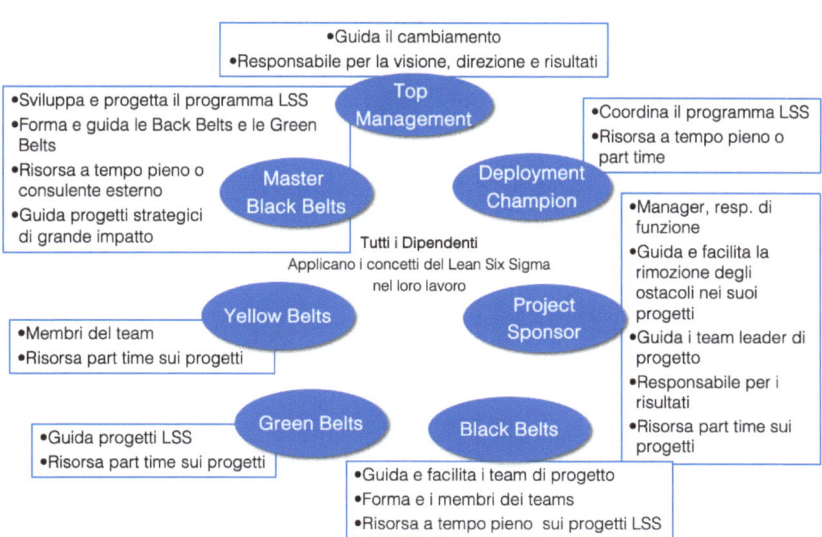

Con questo tipo di organizzazione l'azienda ottiene due importanti vantaggi.

1. La realizzazione di una **macchina del valore** (*money machine*) che convoglia le idee di miglioramento e le trasforma in progetti dai tempi di realizzo certi e dai risultati concreti, anche in termini economici.

2. Offre alle **migliori risorse aziendali** (*top talents*) un percorso di crescita professionale attraverso il quale esse avranno la possibilità di mettersi in gioco e dimostrare le proprie capacità di leadership, organizzative e tecniche.

Queste esperienze "sul campo" rappresentano anche un trampolino di lancio verso sviluppi di carriera futuri. Diversi nostri clienti hanno utilizzato questo programma per costruire un percorso in azienda alle figure emergenti, basandosi sulle capacità dimostrate nella gestione dei progetti Lean Six Sigma (LSS), che possono spaziare in ambiti diversi, anche al di fuori dell'area di appartenenza della Green Belt.

Per una conduzione efficace dei progetti, i team leaders dovranno sviluppare una serie di capacità, quali:

- organizzazione, nel pianificare le attività necessarie e assegnarle ai membri del team
- leadership, per gestire e motivare un team che può essere anche ampio e culturalmente diverso
- negoziazione, da utilizzare sia con le risorse all'interno della propria organizzazione sia con quelle esterne, ad esempio fornitori
- risoluzione dei conflitti, per essere in grado di condurre e di costruire il consenso anche in situazioni difficili
- comunicazione, sia scritta che orale all'interno del team di progetto ed all'esterno con il resto dell'azienda

Regole base per il successo del team

Essere puntuali agli incontri

Partecipare attivamente agli incontri

Rispettare i tempi del progetto

Portare a termine i compiti assegnati

Sentire proprio il progetto assegnato

Comunicare e coordinarsi con gli altri membri del team

Una volta assegnato il progetto dal management team al project leader Green o Black Belt, viene identificato lo **sponsor**, il quale è solitamente il manager dell'area funzionale nella quale il progetto viene realizzato. Pertanto, avendo tutto l'interesse nell'ottenere i risultai cercati, si occupa di validare il team di progetto nei suoi componenti, di fissare gli obiettivi e di monitorare gli avanzamenti utilizzando le *revisioni di progetto* settimanali. La sostanziale differenza tra aziende eccellenti e aziende mediocri si evidenzia facilmente dal livello di leadership degli sponsors. Oltre a contribuire alla nascita di nuove idee progetto per tenere continuamente alimentata la *pipeline*, gli sponsors forniscono l'energia positiva ai teams guidati dalle Green o Black Belts.

Altre rilevanti implicazioni inerenti al ruolo dello sponsor, ed al management più in generale, riguardano la sostenibilità futura dei risultati raggiunti con il progetto di miglioramento. Consideriamo che per migliorare un processo dobbiamo necessariamente cambiare e modificare il modo attuale di lavorare, sempre che lo stesso sia già definito ed esistente. In alcuni casi lo standard di lavoro potrebbe non essere formalizzato, per cui il cambiamento consiste proprio nel definire uno standard e far in modo che esso venga seguito. Come verrà gestito il cambiamento a livello del personale addetto a tale processo? Come possiamo assicurarci che le modifiche portate al processo rimangano effettive dopo la loro messa in opera in relazione al personale coinvolto? Il cambiamento implica un "nuovo comportamento" per le persone coinvolte sul processo. Pertanto, la futura sostenibilità delle maggiori prestazioni ottenute sarà funzione della corretta attuazione del nuovo metodo e del nuovo comportamento delle persone coinvolte sul processo.

L'analisi ABC (**Antecedent, Behavior, Consequences**) di Paul Brown fornisce tre elementi fondamentali che devono essere attentamente considerati per ottenere un cambio di comportamento, che nel nostro caso è finalizzato a consolidare il risultato.

1) **Fattori antecedenti.**

- Coinvolgere e spiegare alle persone perché vogliamo cambiare e migliorare
- Illustrare quali saranno i vantaggi ottenuti dal nuovo processo
- Organizzare l'istruzione e la formazione riguardo il nuovo processo, includendo la nuova procedura da seguire

2) **Nuovo comportamento.**

Chiarire la diversa operatività che ci si aspetta dalle persone coinvolte nel cambiamento del processo, come ad esempio compiti e responsabilità

3) **Conseguenze.**

Sotto forma di *rinforzi* che i supervisori e il management devono attuare:

- rinforzi positivi (complimenti, riconoscimenti) a chi aderisce correttamente al nuovo comportamento richiesto
- rinforzi negativi (richiami, ammonimenti, multe) a chi non modifica il proprio comportamento e continua con le vecchie abitudini

Cambiare le proprie abitudini costa fatica. L'acqua, la corrente elettrica ed il comportamento umano scelgono sempre la strada più facile. Abbiamo visto situazioni in cui il nuovo processo migliorato ha funzionato bene all'inizio, fornendo i risultati previsti, e dopo poco trovare la buona prestazione scemare e ritornare ai vecchi valori. In quelle situazioni il management non stava gestendo adeguatamente il cambiamento, "rafforzando" il nuovo comportamento del personale, utilizzando le conseguenze "positive" o "negative". Le persone erano tornate alle comode vecchie abitudini. Gestire il cambiamento è un lavoro a tempo pieno e richiede un serio impegno.

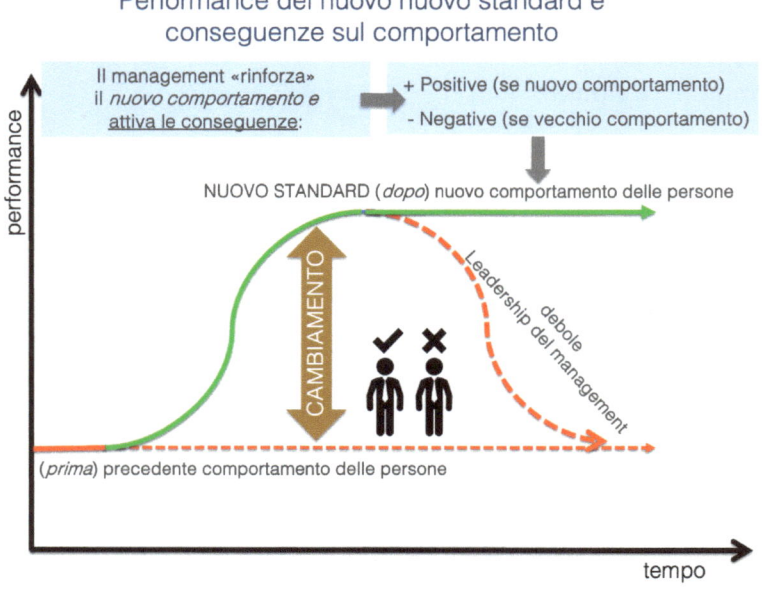

Performance del nuovo nuovo standard e conseguenze sul comportamento

19. PROCESSO DI MIGLIORAMENTO DMAIC

"Se avessi un'ora per risolvere un problema, spenderei 55 minuti pensando al problema e 5 minuti pensando alla soluzione."

Albert Einstein

Indipendentemente da come decidiamo di trasformare un'idea in un progetto, ci serve un metodo strutturato per condurre il nostro lavoro e raggiungere il risultato cercato. Il Lean Six Sigma offre lo strumento adatto. Con questo approccio il percorso di svolgimento del progetto segue un iter ben preciso chiamato **DMAIC**. Questa metodologia è suddivisa in cinque fasi principali: DEFINE, MEASURE, ANALYZE, IMPROVE e CONTROL.

Six Sigma DMAIC

Problema/Opportunità
Pratico

approccio
tradizionale

Problema
Numerico (Y)

approccio
DMAIC

1. DEFINE
2. MEASURE
3. ANALYZE
4. IMPROVE
5. CONTROL

Soluzione
Numerica (X)

Soluzione
Pratica

Six Sigma (DMAIC)

Approccio sistematico: focalizza il significato statistico
delle «cause radice» e delle relative «soluzioni»

Il DMAIC è un metodo utilizzato per:

- risolvere un problema
- cogliere un'opportunità
- gestire un progetto che implichi un cambiamento

La sua forza, ben collaudata nel tempo, risiede nel fatto che ci
guida lungo un percorso, con delle fasi ben definite, e che offrono
diversi vantaggi.

Fase DEFINE

In questa fase dobbiamo stabilire i requisiti di "cosa" vogliamo fare ed in quanto "tempo":

1. scelta del **team di progetto**, del team leader (Green o Black Belt) e dello sponsor.
2. definizione del **problema** da risolvere o dell'**opportunità** da cogliere.

A proposito del secondo punto, spesso si confonde la differenza tra queste due diverse situazioni. Al fine di rendere più chiara la comunicazione, possiamo definire un problema come: un ostacolo da superare, un fastidio, uno scostamento da un piano ben definito, una deficienza. Diversamente, un'opportunità possiamo definirla come: un miglioramento della performance attuale. Abbiamo un processo funzionante secondo i nostri canoni stabiliti, ma vediamo la possibilità di renderlo più efficace o performante.

3. Selezione del **parametro fisico misurabile** (es. tempo, efficienza, difetti, puntualità, costi, marginalità), chiamato **Y**, con il quale misurare la performance del processo che vogliamo migliorare.

In senso più generale, il parametro Y è il parametro che "vede" il cliente a valle di quel dato processo, ossia chi usufruisce del risultato del processo stesso. Il cliente può essere il cliente finale esterno od anche un cliente interno (un reparto produttivo, un ufficio). Sotto un altro aspetto, in molti progetti di miglioramento il cliente finale è l'azionista, colui il quale è interessato ad un miglioramento di una performance finanziaria del capitale investito. In questi casi troviamo progetti DMAIC focalizzati all'aumento dei fatturati di vendita (ciclo attivo), oppure indirizzati a delle riduzioni di costi, o al miglioramento di efficienze (ciclo passivo).

I progetti di miglioramento focalizzati alla riduzione dei tempi di attraversamento di un processo, ossia alla riduzione del lead time, offrono un doppio vantaggio. Migliorare il tempo di risposta al cliente finale, in termini di riduzione dei tempi di consegna, e contemporaneamente migliorare l'efficienza produttiva, quindi una riduzione di costi per l'azionista. Questa tipologia di progetti utilizza la parte lean dell'approccio Lean Six Sigma, focalizzando la riduzione degli sprechi enunciati da Taiichi Ohno. Come ad esempio: la riduzione delle movimentazioni, sia di persone che di materiali, la riduzione delle scorte, la riduzione dei fermi macchina, la riduzione delle attese, la riduzione dei difetti. La forza dell'approccio DMAIC nei progetti lean consiste proprio nella parte pratica di implementazione sul campo attraverso il team leader (Green o Black Belt), lo sponsor e tutto il team di progetto.

4. Scelta dell'**obiettivo da raggiungere** (valore della Y).

Quest'ultima può essere ricondotta ad almeno quattro tipi di approccio:

    a) obiettivo richiesto specificatamente dal cliente finale

    b) posizionarsi rispetto ad un *benchmark* di mercato, arrivare almeno al livello della concorrenza

    c) miglioramento incrementale, migliorare ad esempio del 20, 30 o 50%

    d) divenire Best in Class, e sbarazzarsi della concorrenza

In base alla nostra strategia aziendale, potremo individuare quale approccio meglio supporta la scelta dell'obiettivo.

    5. Stima del **beneficio economico** relativo al progetto (€/anno) in funzione del miglioramento ottenuto una volta raggiunto l'obiettivo.

Considerate le diverse casistiche, che si possono presentare nello svolgimento dei progetti Lean Six Sigma (LSS), è utile classificare in tre diverse tipologie i benefici economici.

    I) <u>Primo livello</u>. Otteniamo una riduzione di un costo, od un miglioramento del fatturato, che genera un più alto profitto. In Caterpillar li chiamano *dollari verdi*.

    II) <u>Secondo livello</u>. Miglioriamo una produttività, e riduciamo i costi di manodopera. Riduciamo il numero di risorse umane (FTE) coinvolte sul processo che però non licenziamo, ma riassegniamo ad altri reparti sottodimensionati, o le impieghiamo per attività utili che prima non eravamo in grado di svolgere correttamente. In questo caso non ritroviamo un miglioramento sulla linea del profitto del conto economico (*dollari gialli*), ma abbiamo comunque migliorato l'organizzazione aziendale ed il modo di lavorare.

III) <u>Terzo livello</u>. Miglioriamo il processo evitando un costo futuro, attualmente non in essere. Ad esempio, costi di garanzia futuri, sanzioni amministrative per non adeguatezza a delle normative, possibili infortuni.

L'utilità di questa suddivisone, nelle diverse tipologie di benefici economici, è nata per fornire un supporto alla scelta per quali progetti dare la priorità. Quando un'azienda avvia il suo percorso di sviluppo dell'organizzazione Lean Six Sigma, si trova ad avere sul tavolo un discreto numero di idee-progetto da convertire in progetti Lean Six Sigma. All'inizio sono poche le Green Belt o Black Belt disponibili da assegnare ai progetti, per cui si cerca di selezionare i progetti dando peso al beneficio economico. In questo scenario, i progetti con benefici di livello I sono i favoriti in quanto daranno da subito il loro contributo positivo alla linea del profitto aziendale. Successivamente, nei mesi o anni a seguire, essendo cresciuta la popolazione di Green Belt e Black Belt, si allarga il fronte di fuoco con cui attivare i progetti di miglioramento. Ci si trova quindi ad avere una lista (*value proposition*) con un gran numero di progetti assegnabili. In questa fase più matura, il beneficio economico del singolo progetto perde via via la sua importanza in quanto una moltitudine di progetti, anche con benefici economici meno rilevanti, costituisce comunque una sommatoria di tutto rispetto.

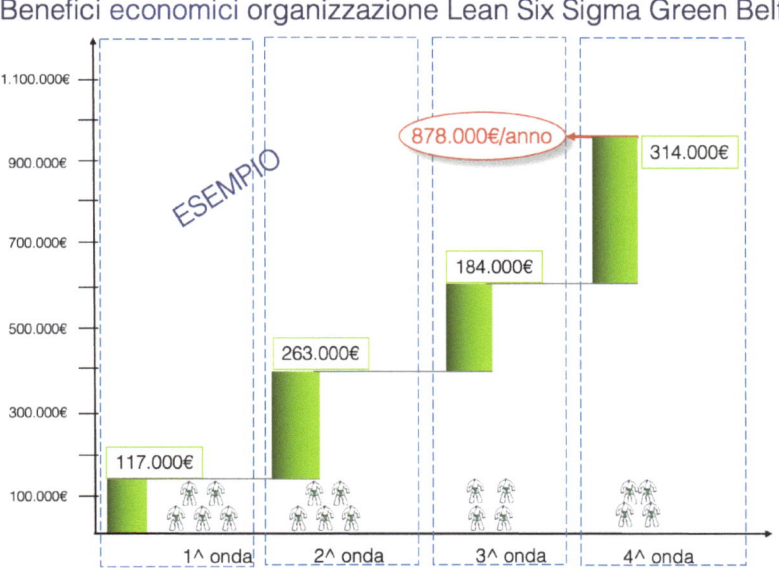

La parte interessante da tenere in considerazione è che l'approccio Lean Six Sigma DMAIC si focalizza su attività di processo, produttivo o di servizio, migliorando i parametri fisici importanti Y per il cliente finale. Inoltre, vi è sempre un beneficio economico (€) collegato al miglioramento di Y. Questa valenza economica è ciò che ha reso rilevante l'organizzazione Lean Six

Sigma agli azionisti e ha contribuito alla sua diffusione nell'industria mondiale.

6. Stabilire la **data di inizio**, di **fine progetto**, e le date intermedie per ciascuna delle fasi DMAIC.

Fissare una data di inizio ed una data di fine progetto è molto importante per visualizzare il traguardo di arrivo e poter pianificare le attività di conseguenza. Il mio suggerimento è di evitare progetti con orizzonti temporali troppo lunghi. In questi casi è difficile mantenere serrato il passo e focalizzato l'intero team di lavoro. Pertanto, nel caso di progetti complessi per estensione, suggerisco di suddividerli in più progetti in maniera da mantenere un orizzonte temporale per ciascuno che non superi i tre/quattro mesi.

Fase MEASURE

Questa fase è caratterizzata dalla raccolta dati del parametro importante Y, che descrive la situazione iniziale del processo (AS IS), ossia dove ci troviamo. I dati potrebbero esse già disponibili, perché parte di un indicatore già in essere, oppure non disponibili come dati storici e quindi dobbiamo organizzarci per raccoglierli. In entrambi i casi, è meglio prima valutare l'adeguatezza del sistema di misura, chiamato *Measuring System*

Analysis (MSA). Il concetto è quello di assicurarsi che l'errore di misura, relativo al nostro sistema, sia piccolo e quindi accettabile in relazione alla grandezza da misurare e ad una sua eventuale tolleranza di specifica. Nel caso di misure tecniche, si rimanda il necessario approfondimento alle normative ISO MSA per il Gage R&R. Il concetto importante da ritenere è quello che ci fa domandare se possiamo fidarci della bontà dei dati. La procedura o la modalità di raccolta sono adeguate? Può esistere intrinsecamente una variabilità dovuta al modo di misurare? All'operatore, o ai diversi operatori che hanno raccolto le misure? Al sistema adottato e all'esistenza di una procedura ben definita? Verificata la bontà del sistema di raccolta, possiamo utilizzare i dati già disponibili, oppure nel caso contrario, dobbiamo organizzarci per raccoglierli con una diversa modalità più robusta, per abbassare la variabilità dovuta all'errore di misura. Per esempio, strutturando una procedura per fare in modo che le diverse persone addette alla raccolta del dato lo facciano in maniera consistente tra di loro.

La domanda che spesso si pone è: di quanti dati abbiamo bisogno? Per quanto tempo dobbiamo raccoglierli? Possono esserci diverse riposte a questa domanda. Se i dati sono già disponibili, a seconda del tipo di progetto, possiamo riferirci ad un periodo passato recente con cui costruire la base di partenza (*baseline*). La fase MEASURE infatti ha come primo scopo stabilire la baseline, per indicare in maniera oggettiva la prestazione (Y) attuale del nostro processo. Nell'ultima fase, la mappatura di questi dati, in funzione del tempo, ci fornisce già una prima chiave di lettura. Infatti, da questa posizione possiamo effettuare alcune valutazioni: stabilità del processo, variabilità, eventuali trend. In una seconda fase, la base dati ci fornisce il materiale per avviare l'attività di analisi. Aggiungiamo che in progetti Lean Six Sigma, ovvero quando lo scopo è quello di migliorare un flusso produttivo o un flusso di informazioni, la fase MEASURE si realizza con la mappatura del processo utilizzando la *Value Stream Map* (VSM). Questo strumento consente di suddividere l'intero flusso in una sequenza dettagliata di fasi di lavoro, registrando i tempi ciclo relativi ad ogni fase, i tempi di set-up, il numero di operatori per fase, la quantità di materiale a monte ed a valle di ogni singola fase e il tempo totale di attraversamento dell'intero flusso (lead time). In questo tipo di progetti, dobbiamo anche occuparci della mappatura del flusso delle informazioni dal cliente (interno od esterno) al fornitore del processo. Il calcolo del takt time (vedi capitolo 14) ci fornisce il riferimento, nella fase successiva di ANALYZE, per capire cosa dobbiamo fare per mettere a flusso il processo. È doveroso ricordare che questo approccio, sviluppatosi sui processi produttivi, ben si adatta anche a processi amministrativi, o relativi al flusso di informazioni, come ad esempio uffici tecnici di progettazione. In questi casi la mappatura tramite la VSM prenderà in considerazione il flusso di informazioni, e della documentazione prodotta, in tutte le sue fasi di sviluppo. Pertanto, il tempo di attraversamento, o lead time, sarà un'indicazione della performance del processo (Y) a valle del quale otterremo un progetto, o una documentazione tecnica necessaria ad un cliente esterno, o a dei reparti produttivi interni.

Fase ANALYZE

Le attività di analisi dei dati in questa fase ci permettono di ottenere la chiave per leggere ed individuare i limiti di prestazione del nostro processo, o le cause che determinano un'anomalia, o una tipologia di problema sul risultato finale. Questa fase si può articolare in una serie svariata di approcci e di strumenti statistici utilizzati. Tuttavia, in alcuni casi è sufficiente l'impiego di alcuni strumenti di supporto al *brainstorming*, come ad esempio il **Diagramma di Ishikawa** (detto anche *fishbone*), attraverso il quale un team di persone competenti sul processo individuano sui rami principali (*macchina, materiale, metodo, uomo*) le possibili cause radice. Aggiungo una breve nota sull'utilizzo delle tecniche di brainstorming, che sono molteplici e pertanto rimando a testi specializzati per eventuali approfondimenti. Lo scopo di questa tecnica è quello di utilizzare la sinergia del gruppo per le competenze e la creatività individuale. In una <u>prima fase</u>, attraverso la creazione del *caos*, si cerca di stimolare la creatività al fine di ottenere il maggior numero di idee riguardo al risultato che andiamo a cercare. La bravura del team leader, o del facilitatore, in questa prima fase consiste proprio nello stimolare le idee e la creatività di ognuno senza giudicare la bontà dell'idea lanciata inizialmente dal singolo componente. L'obiettivo è generare il maggior numero di idee, indipendentemente dal giudizio iniziale degli altri componenti del team. Vietato giudicare le idee in questa fase. Successivamente, si passa alla <u>seconda fase</u>: la creazione dell'*ordine*. Questa è anche la fase in cui si effettua la pulizia per le idee giudicate non buone dall'intero team. A questo scopo, si possono utilizzare alcuni strumenti come il **Diagramma di Affinità** utile per raggruppare idee simili sotto un titolo che ne rappresenti la tipologia. Come si vede nella figura seguente, dove sono state raggruppate idee affini della stessa categoria rappresentate dai foglietti adesivi colorati.

Diagramma di Affinità:
raggruppamenti cause radice per aree di interesse

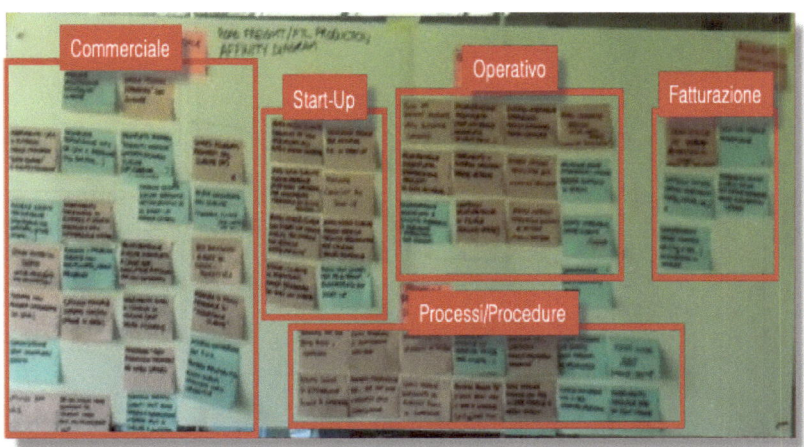

Esiste anche un ulteriore strumento, il **Diagramma di Interazione**, rappresentato nell'immagine seguente. L'utilizzo di questo strumento ci permette di individuare come ogni gruppo condiziona l'altro gruppo e ci aiuta a determinare il gruppo che ha maggior impatto sugli altri (rettangolo giallo) e, in maniera opposta, il gruppo che è più influenzato (rettangolo rosso). Questo tipo di valutazioni può aitarci a creare un ordine di priorità nella fase successiva di implementazione delle azioni di miglioramento.

Diagramma Interazione

Fase <u>IMPROVE</u>

Il Six Sigma sottolinea la relazione causa-effetto tramite la l'equazione simbolica $Y=f(X)$. Quindi, per poter modificare la prestazione del parametro Y dobbiamo prima individuale quali siano i parametri critici, o le cause radice (X), su cui andare ad agire. Quando non si conosce l'approccio Lean Six Sigma si può cadere nell'errore di avviare delle azioni di miglioramento basandosi unicamente su intuizioni o esperienze personali. In questi casi la risoluzione del problema, o il miglioramento del processo in questione, potrebbe rivelarsi solo un caso fortuito. Invece, in tutti gli altri casi, potrebbe non farci raggiungere i risultati previsti, anche se abbiamo implementato delle azioni di miglioramento apparentemente ovvie. Teniamo ben presente che se non interveniamo specificatamente ed in maniera incisiva sulle **cause** (X), non possiamo ottenere un miglioramento stabile del parametro (Y) di nostro interesse. Individuati quindi i fattori X della fase ANALYZE, si passa finalmente all'azione.

È bene osservare che nell'approccio DMAIC sino a questo punto abbiamo studiato il problema, che come osservato da Albert Einstein è la fase cruciale, ma non abbiamo ancora parlato di soluzioni. L'obiettivo della fase IMPROVE è di intervenire sui fattori importanti X. Se dobbiamo "risolvere un problema", dovremo rimuovere le relative cause (X). Oppure, se il nostro scopo è "cogliere un'opportunità", dovremo ottimizzare alcuni parametri operativi (X). In ogni caso, un buon punto di partenza è elaborare prima la seguente considerazione.

1. Esiste già uno standard di lavoro?
2. Se si, viene seguito questo standard?

Se lo standard non esiste, la soluzione che dovrà agire sulle X si focalizzerà sulla costruzione di uno "standard di lavoro", in modo da ottenere la situazione ottimale per i nostri fattori X. Se invece lo standard di lavoro esiste, oppure è inadeguato e non viene seguito correttamente, allora dovremo modificarlo in maniera da ottenere i parametri X sotto controllo.

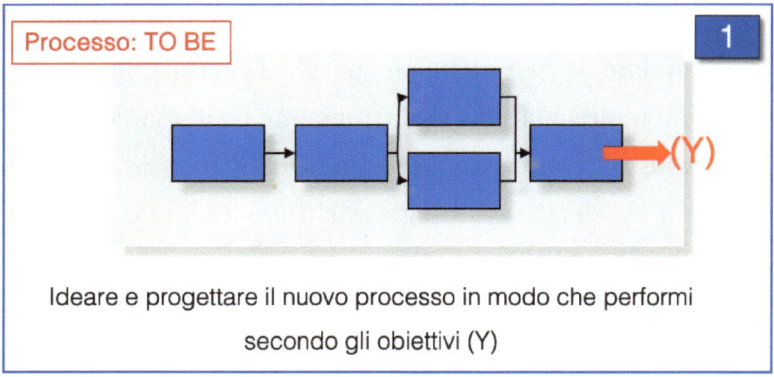

Processo: TO BE — **1**

Ideare e progettare il nuovo processo in modo che performi secondo gli obiettivi (Y)

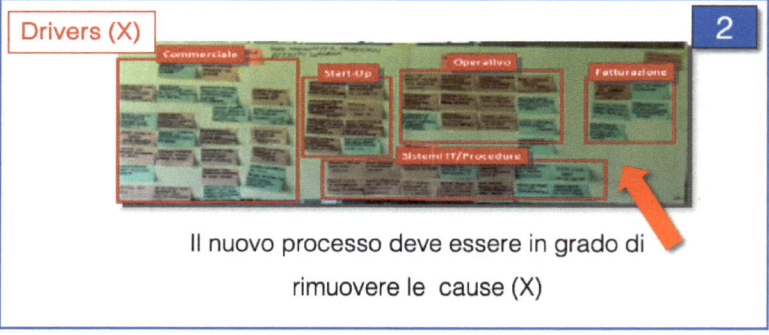

Drivers (X) — **2**

Il nuovo processo deve essere in grado di rimuovere le cause (X)

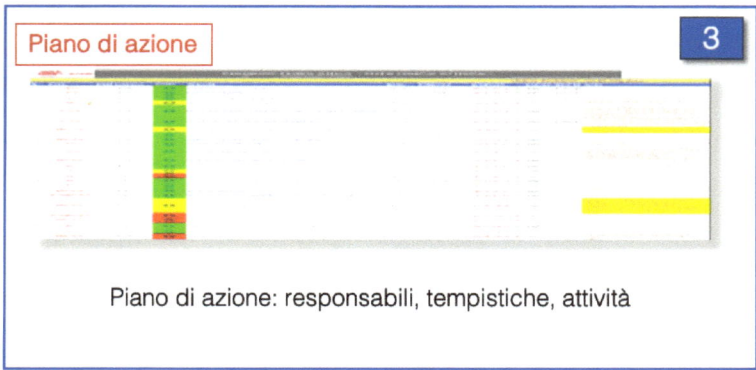

Piano di azione — **3**

Piano di azione: responsabili, tempistiche, attività

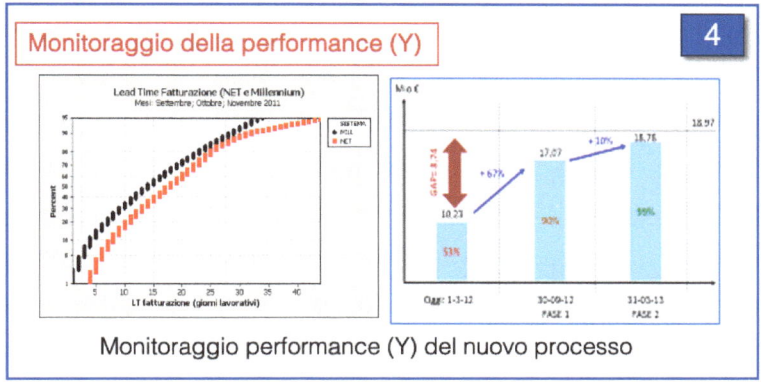

Monitoraggio performance (Y) del nuovo processo

Situazioni più complesse richiederanno valutazioni aggiuntive, in termini di quale strategia scegliere per l'implementazione delle soluzioni. Per strategia intendiamo strada da seguire. In alcuni casi è sufficiente migliorare semplicemente il sistema che già abbiamo, in altri casi si valuta l'introduzione di una nuova tecnologia o attrezzatura. Va anche detto che nella mia esperienza, nella maggior parte dei casi, si è trattato di investimenti solo di tipo organizzativo, sfruttando semplicemente al meglio il processo già esistente.

Design Of Experiment (DOE)

Spesso capita di dover modificare dei parametri (X) simultaneamente per ottenere una migliore performance del processo. La fase ANALYZE ci è servita per identificarli, tuttavia è meglio prima validare sperimentalmente sul campo la loro nuova configurazione. A questo fine ci viene in aiuto uno strumento statistico potentissimo chiamato **Design Of Experiment** (DOE). Non mi addentro in dettagli statistici per illustrare le varie tipologie di DOE esistenti ed il loro utilizzo, ma rimando il lettore a testi specializzati, come ad esempio *Understanding Industrial Experimentation* di Donald J. Wheeler, edizioni SPC Press. Il DOE ci permette di stabilire che tipo di prove e quante ne dobbiamo eseguire per poter valutare matematicamente da un punto di vista statistico il contributo di ciascun parametro X, e l'effetto della loro interazione. Riusciamo così a validare l'effettivo contributo di ciascun paramento, e soprattutto la regolazione ottimale di ognuno di essi per ottenere il massimo di performance dal nostro processo. Facciamo un semplice esempio. Se dobbiamo preparare una torta, e abbiamo scoperto che i parametri importanti (X) per ottenere la miglior morbidezza di risultato (Y) sono:

1. umidità dell'impasto
2. temperatura del forno
3. durata della cottura

Possiamo organizzare un certo numero (N) di prove (esperimenti), determinato dalla tipologia di matrice DOE individuata. Possiamo scegliere una matrice *full factorial* $N=2^k$, con N=numero di prove e k=numero di fattori, per valutare il contributo di ciascun parametro X, inclusa la loro interazione. Nel nostro esempio: 3 fattori X (umidità, temperatura, tempo), con due livelli di regolazione (alto, basso) portano ad un numero di prove $N=2^3=8$ prove (esperimenti). Il risultato di tali prove, in termini di morbidezza (Y) ottenuta per ogni esperimento, ci permetterà di stabilire la configurazione ottimale dei nostri parametri X. Il grande contributo della tecnica DOE risiede nell'eseguire un numero ridotto di prove, risparmiando tempo e risorse, per arrivare al risultato cercato. Senza questa tecnica statistica, corriamo il rischio di impegnarci con una quantità eccessiva di esperimenti senza poter raggiungere il risultato ottimale.

Valutazione del rischio e tecnica FMEA

Per ottenere migliori performance dal nostro processo, qualsiasi esso sia, dobbiamo cambiarne i connotati. Senza cambiamento, non si può migliorare. Tuttavia, il cambiamento del processo comporta l'introduzione di elementi nuovi. Tali elementi, che siano sistemi fisici, nuovi componenti, cambio di procedure o persone, introducono nuovi fattori di **rischio** relativo al verificarsi di situazioni anomale, non desiderate, che potrebbero anche comportare effetti gravi di impatto sul cliente del processo, o sul personale dedicato al processo.

Onde evitare problemi imprevisti, connessi al cambiamento del processo, è consigliato effettuare un'attenta valutazione preliminare del rischio introdotto nel processo in questione. A tal fine esiste uno strumento, inventato dall'agenzia spaziale NASA per le prime missioni Apollo, che permette di valutare in maniera precisa e dettagliata l'indice globale di rischio.

Functional Failure Modes and Effects Analysis

Subsystem/ Component Name	Potential Failure Modes	Potential Causes of Failure	O c c u r r e n c e	Potential Effects of Failure	S e v e r i t y	D e t e c t i o n	R P N	Mitigating Factors	S e v	P P N	Recommended Actions	Department/ Individual Responsible & Completion Date	Actions Taken	O c c u r	S e v e r	R P N

Questa tecnica, chiamata **Failure Mode Effect Analysis** (FMEA), dettagliando le singole fasi del processo, ci permette di ipotizzare le varie possibili modalità di guasto e valutarne i relativi effetti secondo i tre parametri fondamentali P, G, I, quantificati in una scala, ad esempio da 1 a 5.

1. (P) <u>Probabilità</u> che si verifichi il guasto (1 basso - 5 alto)
2. (G) <u>Gravità</u> dell'effetto del guasto (1 basso - 5 alto)
3. (I) Possibilità di <u>intercettare</u> il guasto prima che si verifichino gli effetti (5 basso -1 alto)

Una volta ipotizzato il possibile evento di guasto, e quantificati i relativi valori per i tre parametri, si determina il **Risk Probability Number** tramite la produttoria [P x G x I]=RPN, per ogni fase del processo esaminato. Si ottiene in questo modo una serie di valori che possono spaziare da un minimo di 1 ad un massimo di 125, del nostro esempio con la scala da 1 a 5. Da questa base di partenza si stabilisce il cosiddetto *appetito per il rischio* e cioè qual è il valore di rischio (RPN) massimo (es. RPN=90) che siamo disposti ad accettare. Fissato questo *cutoff*, tutti i valori al di sopra (RPN>90) andranno riesaminati. Il team dovrà individuare le modifiche da effettuare sulle fasi del processo incriminate, e poi rifare la valutazione di rischio per verificare di aver portato l'RPN al di sotto del valore di 90 del nostro caso. In altre parole, non esiste il rischio zero. Dobbiamo altresì determinare quale livello di rischio siamo disposti ad accettare (appetito per il rischio). Per fare un banale esempio, possiamo considerare l'evento di guasto per entrambi i motori di un Boeing 777. Questo evento di guasto molto grave (G=5) comporta il precipitare del velivolo. Tuttavia, la probabilità che questo evento di guasto si manifesti è molto bassa (P=1) e i numerosi sistemi di controllo a bordo permettono ai piloti di individuare situazioni anomale prima che il motore si blocchi (I=1). Un valore calcolato di RPN=5 (5x1x1) fa sì che la maggior parte di noi prenda il volo a bordo di aerei.

Gli elementi fondamentali dello strumento FMEA sono i seguenti:

- mettere intorno ad un tavolo tutti gli <u>esperti del processo</u> da esaminare (conoscenza del processo/prodotto)
- dettagliare ogni singola fase e ipotizzare le <u>modalità di guasto</u>
- oggettivare e quantificare con dei valori numerici una <u>valutazione</u> di tipo qualitativo
- stabilire un livello di <u>rischio accettabile</u> (appetito per il rischio, RPN max.)
- intervenire con delle <u>azioni correttive</u> per migliorare il processo nelle fasi con RPN superiore a cutoff ed evitare eventuali situazioni troppo rischiose
- ottenere un <u>consenso</u> di team, incluso il management, sullo stato del nuovo processo prima della sua messa in funzione
- costituire una <u>base di partenza</u> oggettiva per le future modifiche di miglioramento del processo

Per maggiori informazioni sullo strumento FMEA, rimando il lettore alle specifiche normative esistenti per la sua modalità di utilizzo ed applicazione. Una delle più conosciute è la normativa automotive FMEA ISO-TS che impone ai produttori di componentistica automotive l'utilizzo di tale strumento per approvare i nuovi processi produttivi, o le modifiche su processi esistenti.

Prima di implementare in maniera definitiva i cambiamenti progettati nella fase IMPROVE, è sempre bene studiare prima un cosiddetto **pilota**, in modo da verificare la soluzione in un ambiente ristretto e non su larga scala. È una precauzione molto importante per almeno due motivi: limitare eventuali effetti indesiderati, e raccogliere informazioni preziose che possono aiutarci a migliorare ulteriormente la soluzione progettata. Una volta che il pilota ha dimostrato nella pratica il risultato cercato, allora possiamo passare all'estensione della soluzione su larga scala nel processo ed ottenere quindi la configurazione TO BE definitiva.

Nella maggior parte dei casi, il cambiamento dello standard di lavoro, per ottenere un processo migliorato, comporta l'implementazione di una serie di azioni. È molto importante stabilire con chiarezza "chi" fa "che cosa" ed entro "quando". Una semplice lista di azioni sotto forma di tabella riepilogativa, o diagramma di Gantt nel caso di azioni collegate tra di loro, sono strumenti essenziali ed anche semplici per responsabilizzare tutti gli attori e rendere ben visibili i progressi durante le fasi di implementazione. Rimane comunque nella responsabilità del team di progetto monitorare costantemente il completamento delle azioni di miglioramento. Nei casi in cui eventuali rallentamenti non riescano ad essere gestiti dal team di progetto, è importante richiedere proattivamente l'intervento dello sponsor al fine di rimuovere questi ostacoli e portare a conclusione le attività previste.

Fase CONTROL

Nell'approccio tradizionale alla soluzione di problemi si procede per esperienza, e a volte anche per tentativi, nell'individuare la giusta soluzione. Una volta implementate le azioni di miglioramento, tanti saluti a tutti. Il progetto si ritiene completato. Non è così con l'approccio DMAIC. La fase IMPROVE è solo la penultima, manca ancora la fase CONTROL. L'obiettivo di questa fase è quello di monitorare la performance (Y) del nuovo processo, in un orizzonte temporale stabilito a priori, in modo da verificarne l'effettiva stabilità del risultato cercato. Per finalizzare il monitoraggio delle caratteristiche importanti (Y), che sono nello scopo del miglioramento, possiamo predisporre un semplice indicatore oppure una carta di controllo. Esistono numerose opzioni che ci vengono fornite dagli strumenti del **Controllo Statistico di Processo** (SPC) su cui rimando a testi specializzati, come ad esempio *Understanding Statistical Process Control* di Donald J. Wheeler, edizioni SPC Press.

Riepilogando, nella fase CONTROL vogliamo agire su due importanti fronti:

1. monitorare il raggiungimento del risultato cercato (Y) e la sua stabilità nel tempo
2. verificare periodicamente le azioni intraprese sulle X vitali, in modo che il nuovo standard operativo sia effettivamente applicato e funzionante

Per questo aspetto raccomando di stabilire un piano di *audits* in modo da rendere oggettiva, e documentata nel tempo, l'aderenza al nuovo standard di lavoro. A seconda della situazione contingente, ci sono diversi modi per cristallizzare e per documentare il nuovo standard operativo, come ad esempio:

- procedura gestionale
- procedura operativa
- One Point Lesson (OPL)
- ciclo di lavoro
- piano di controllo
- contratto di fornitura

È una buona regola emettere le nuove procedure, al termine della fase IMPROVE, in forma di bozza fintanto che non si ritiene conclusa la fase CONTROL. Questo perché durante quest'ultima fase possono emergere degli elementi che ci faranno perfezionare ulteriormente il nuovo standard operativo. Lo scopo della fase CONTROL è proprio questo: verificare il raggiungimento dell'obiettivo, o in caso contrario, rivedere la fase IMPROVE precedente.

Conclusa con successo la fase CONTROL, lo sponsor chiude il progetto di miglioramento DMAIC celebrando con il team il risultato raggiunto. Nella cultura e nella organizzazione Lean Six Sigma è fondamentale documentare i passi principali del progetto in una *storyboard*. Questo strumento viene utilizzato dal team leader, Black Belt o Green Belt, per condividere l'avanzamento del progetto con lo sponsor ed il resto del team. Queste *storyboards*, di solito redatte con l'ausilio di un software di presentazione tipo Microsoft PowerPoint, vengono stampate e affisse su apposite bacheche nei reparti produttivi o negli uffici per far in modo che tutti siano informati sull'avanzamento dei progetti. Una volta concluso il progetto, questa documentazione rimane *know-how* aziendale e può essere condivisa con altri reparti, o siti produttivi, che possono a loro volta utilizzare queste informazioni per situazioni simili. Un'azienda che ha il miglioramento continuo nel proprio DNA, lo manifesta in maniera chiaramente visibile negli uffici, nei corridoi e nei reparti produttivi. Questa visibilità contribuisce a diffondere nell'intera popolazione aziendale la cultura del miglioramento. Chiunque, clienti, fornitori e visitatori, entri in queste aziende riceve un messaggio importante: noi siamo continuamente impegnati a migliorare. Come ci ricorda lo slogan di Amazon: "domani sempre meglio".

20. RISULTATI

"Puoi avere risultati, oppure scuse. Non entrambi."

Arnold Schwarzenegger

Ora possiedi la conoscenza ed il modus operandi. Quindi, perché aspettare? L'opportunità è oggi: la velocità è essenziale in questo mondo altamente competitivo. Devi decidere se rimanere nella tua solita zona di confort, oppure uscire e metterti al lavoro per cambiare il futuro della tua azienda. D'altronde, perché accontentarsi, quando puoi ottenere molto di più?

Diventa Best in Class!

Guglielmo Rosafalco

Conseguita la laurea in Ingegneria Meccanica all'Università degli Studi di Bologna, ha iniziato la sua carriera in un'azienda produttrice di sospensioni come direttore della qualità. Dopo aver ottenuto un Professional Designation in Total Quality Management alla University of California di Los Angeles, ha trascorso oltre trent'anni nell'industria manifatturiera (Caterpillar, General Electric, Maserati, Wally Yachts) in numerosi contesti produttivi e culturali in Italia, Stati Uniti, Giappone, Inghilterra, Francia, Belgio, Spagna, Austria. Ha ricoperto diversi ruoli come direttore tecnico, direttore qualità, direttore acquisti, direttore supply chain, direttore operational excellence e direttore industriale. Ha inoltre collaborato con la facoltà di Ingegneria dell'Università di Udine per l'insegnamento del Lean Six Sigma. In questi anni ha avuto l'opportunità di lavorare con persone eccezionali e di grande talento, che lo hanno arricchito come persona e come professionista. Successivamente, ha avviato lo studio di consulenza EccellenzaOperativa.com per mettere a disposizione delle aziende italiane la conoscenza e l'esperienza delle grandi aziende che hanno lasciato il segno nella storia dell'industria.

www.ingramcontent.com/pod-product-compliance
Lightning Source LLC
Chambersburg PA
CBHW050806290526
45792CB00001B/2